Showa Retro Kaden

増田健一
コレクションの世界

懐かしくて新しい

昭和レトロ家電

増田健一 著

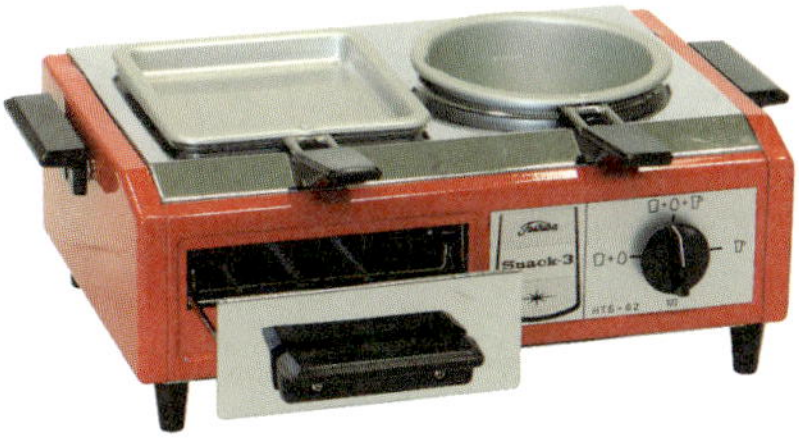

山川出版社

「昭和レトロ家電」と増田健一さん

谷　直樹

増田コレクションの展覧会は、私が館長を務める大阪市立住まいのミュージアム「大阪くらしの今昔館」で、平成22年12月から翌年2月まで開催された。その名も、本書と同じ「昭和レトロ家電 ― 増田健一コレクション」展で、2万3千名の入館者があった。この展覧会によって、増田さんはこの年の「なにわ大賞・特別賞」を受賞し、さらに関西テレビの人気番組で「となりの人間国宝さん」に認定された。

展覧会が成功したので、増田さんには今昔館の特別研究員になっていただいた。今昔館は小さな博物館なので給料を支払うことはできない。唯一、名刺を渡したら、これが役に立って、昭和レトロ家電の研究者としてすっかり有名になったのである。

その後、増田さんから東京で展覧会をしたいので場所を探してほしいと依頼された。旧知の地誌編集者との縁で、平成24年夏に足立区立郷土博物館で「昭和家電」展が開催された。この展覧会は新聞5大紙だけでなくフランスのル・モンド紙に紹介され、山川出版社の編集者が会場を訪れて、本書の出版が実現するきっかけになった。
平成24年の冬、再び、今昔館で「マスダさんちの昭和レトロ家電展」を開催した。この時に増田さんとともに章立てを考えた図録は、展覧会期間中にほぼ完売したが、本書の内容はこの図録をさらに発展させたものである。読者は増田さんの昭和レトロ家電にかける熱い想いをじっくりと味わうことができるだろう。

増田さんの、まるメガネにいがぐり頭の風貌は、昭和レトロを連想させてくれるが、意外にも昭和38年の生まれで、昭和30年代の実体験はない。逆にそれだからこそ、昭和家電の魅力にいち早く気づいたともいえる。じつは私は増田さんの生まれた大阪市旭区で、昭和29年から44年まで学生時代を過ごした。初対面のときから共通の話題で盛り上がったことが、展覧会と本書の実現に結びついている。同じような縁が本書を機に広がることを期待したい。

（たに なおき　大阪くらしの今昔館館長・大阪市立大学名誉教授）

もくじ

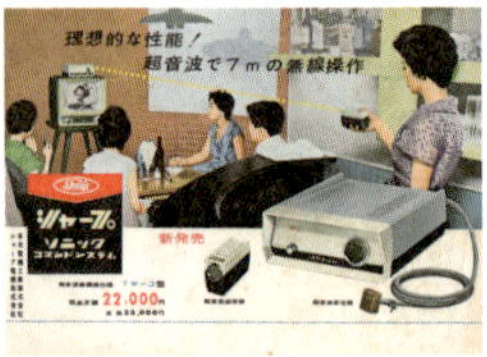

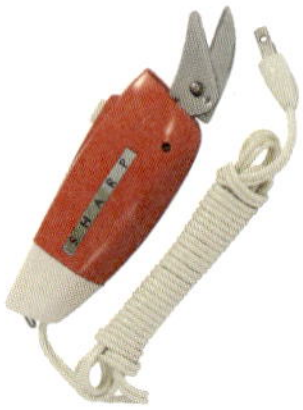

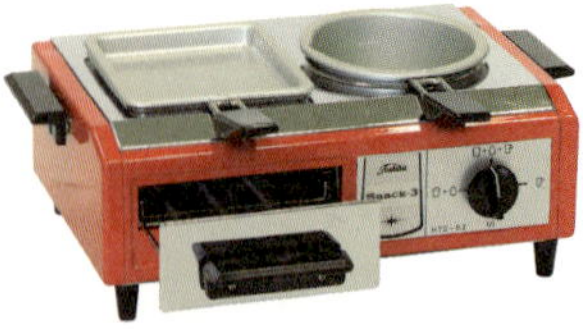

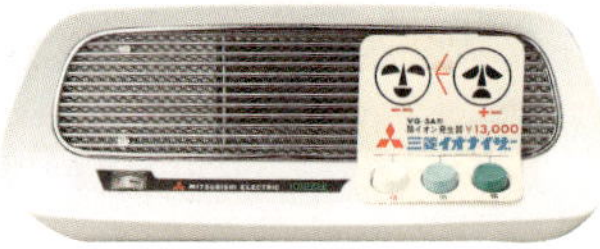

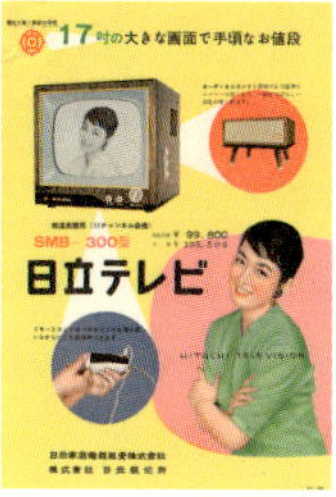
17吋の大きな画面で手頃なお値段
SMB-300型
¥99,800
日立テレビ
HITACHI TELEVISION

いちばん 軽い
いちばん 小さい
Personal and Portable
ソニーテレビ 8-301型 ¥69,800
SONY

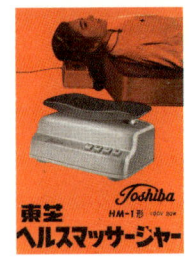

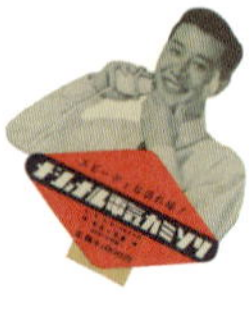

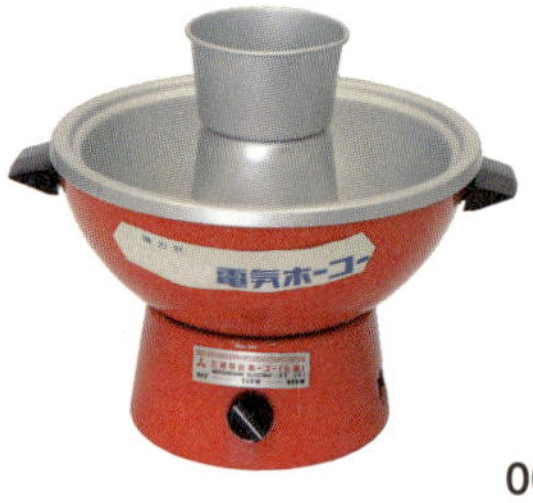

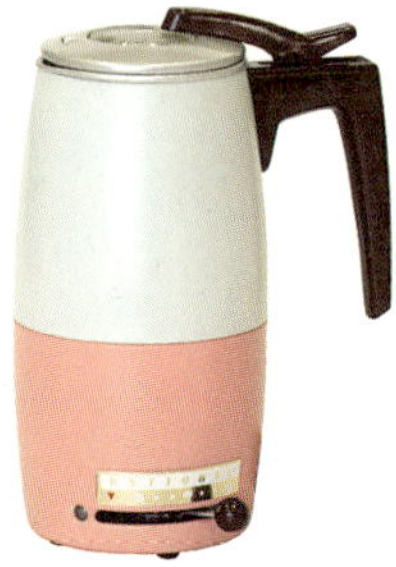

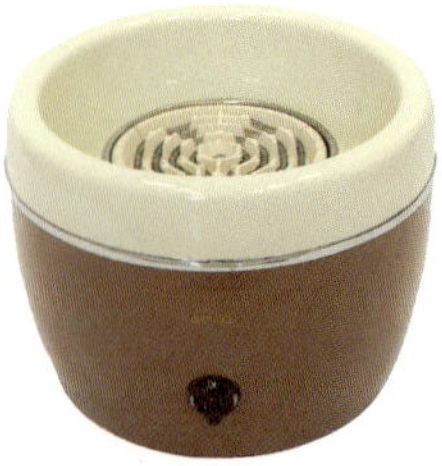

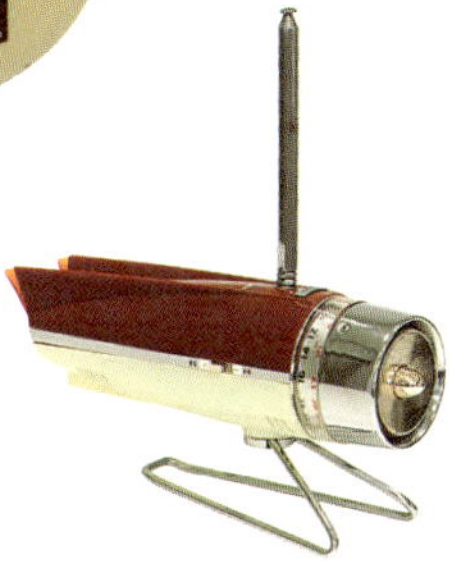

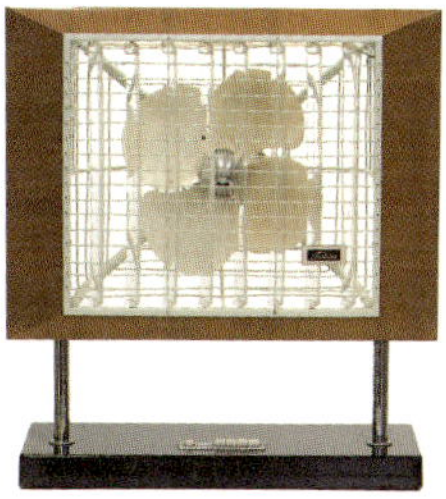

● レトロ家電よもやま話

本書中のグラフ及び年表は編集部が作成しました。

テレビ映像拡大レンズ
14型が17型以上に拡大される
ルデンコール
SCOPE
金鳥の
キンチョール
強力殺虫液
KINCHO SPRAY
FUJI DENKI
SHARP

こんにちは　レトロ家電。

昭和30年代は、戦後の混乱が一段落して日本が大きく成長していった時代です。いわゆる「三種の神器（テレビ、冷蔵庫、洗濯機）」を中心にさまざまな家電製品が登場し、それらを通して人々の暮らしは大きく変わりました。それまでは、ご飯は自動では炊けませんでした。お母さんは、みんなより早く起きて朝食の準備をしました。洗濯機は多くの家にはありませんでした。タライの前にしゃがんで、夏は炎天下で汗をかきながら、冬は冷たい水をつかい洗濯板でゴシゴシ。そしてテレビや冷蔵庫もないのですから、扇風機で涼みながらナイター中継を見て、冷えたビールで一杯というわけにもいきませんでした。

その頃のメーカーの姿勢は、とりあえずお客さんの要望があったら作ってみよう。電気でできるものは製品にしてみよう……だったようです。それは時として勇み足だったり、アイデア倒れに終わったものもありますが、それが後年、世界を席巻するテレビやビデオ、ウォークマンなどの礎になったんだと思います。

私はそんな昭和30年代のいろんな製品たちを見ると、ほっこりします。そしてヒットしなかったモノにこそ「ははは……でもよくがんばったねぇ〜」といとおしさを感じます。「どんな思いで作らはったのかなぁ」「買った人は使ってみて便利と思わはったんやろか」。当時の人たちに思いを馳せ、ひとりニンマリします。

ご縁あってこの本をお買い求めくださった皆さま、ありがとうございます。そんな製品たちを見て、これからご一緒にほっこりしませんか。そしてその頃の日本の元気や勢いのようなものを感じませんか。

どうぞよろしくお付き合いのほどを……。

増田健一

この本では、私、増田健一のコレクションを紹介しています。個人的な思いが入ってますので、品物にはかたよりがありますし、必ずしも昭和家電の歴史を押さえたものにはなっていません。むしろ教科書にあるような品物からは少しはずれたもののほうが多いかもしれません。その点どうぞご了承くださいませ。

【社名表記について】

・商品データに記載しているメーカー名は発売時の社名を使用し、社名が変更されている場合はカッコ内に現社名を記載しています。
・一部社名は次のように省略しています。松下電器産業＝松下、早川電機工業＝早川、三洋電機＝三洋、東京芝浦電気＝東芝、日立製作所＝日立など。
・発売時の社名と現社名が大幅に変わっていない社（例えば「花王」など）については現社名を省略しています。
・表記メーカー名にはその子会社が製造した製品も含まれます。

【発売年について】

・発売年は、その製品（同じ型番のもの）が初めて発売された年を掲載しています。

【価格について】

・価格は、発売時の現金正価（現金定価）を記載しています。

第1章

そのアイデアに座ぶとん一枚！

ユニーク「昭和家電」大行進

東芝

ウォーキング式トースター

型番：WT-2 | 昭和34年 | 価格：3,700円

パンの行進　差し込むだけで
こんがり、お皿へポトン！

差し込むように食パンを入れてやると……反対側からこんがりと焼かれて出てきます

下側にあるノコギリの刃形のコンベアが動いてパンを運んでいます

ウォーキング式トースターとは聞きなれない名称です。もちろんトースターが歩くわけではありません。パンがコンベアでトースター内を自動的に運ばれ、焼き上がって出てくる仕組みです。写真を見ると、トースターの左右にパンの出し入れのためのスペースが必要なのがわかります。日本の狭い台所事情では使いづらそうです。価格も手動のポップアップ式が1500円前後に対し3700円と割高。あまり普及はしなかったみたいです。取扱説明書には「パンが送り出されるので、途中でお忘れになりましてもパンがコゲるようなことがありません」とあります。今のポップアップ式トースターは自動で飛び出しますが、当時は焼き上がりを見計らい手動で上げるものが普通でした。そのため、つい上げ忘れてパンを焦がし、朝から夫婦ゲンカ……なんてこともあったのでしょうね。

TOSHIBA

ゆで卵器

型番：BC-301 | 昭和35年 | 価格：1,000円

水を入れてボタンをオン おいしい半熟卵のできあがり

黄身が真ん中にくるきれいなゆで卵ができます

卵型のかわいらしいデザイン

一度に５個までのゆで卵が作れます

昭和30年代、卵は滋養ある食品として貴重品でした。取扱説明書にも「卵は栄養の王様です。またどなたにも喜ばれます。その卵は栄養と消化の点から半熟がよいとされております。また召し上がって一番おいしいのが半熟です」と半熟卵の優位さをうたいあげています。半熟が一番おいしい……なんて、勝手に決めないでほしいものですが、半熟も固めも、規定の量の水を入れるだけで、自在に作れるスグレモノ。当時は電化製品が贈答品として使われることも多く、このゆで卵器も結婚祝いとして人気があったようです。

電気缶切り

型番：CK-31A | 昭和36年 | 価格：5,980円

くるりと一回転　缶詰を電気で開ける

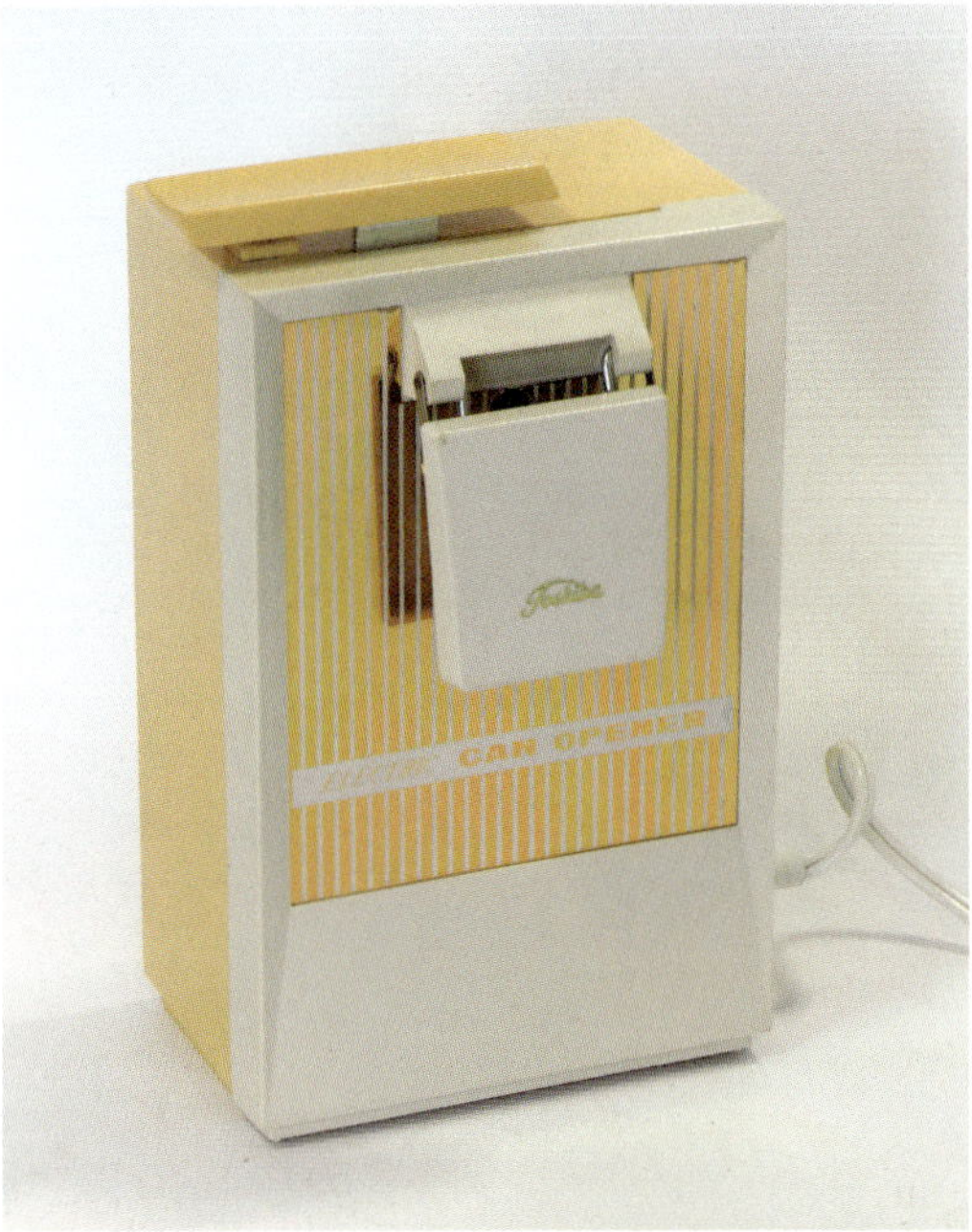

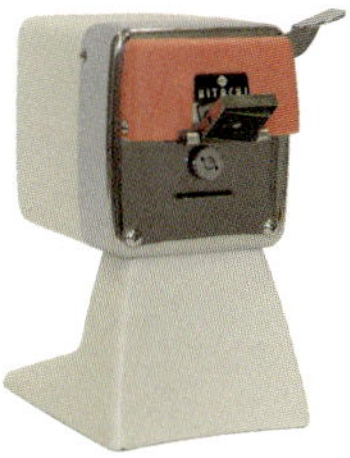

日立　カンオープナー SO-71

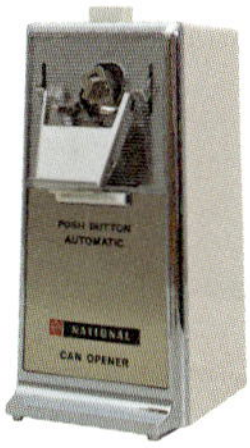

松下　電気カンキリ MK-256

カチッとセットしたら、アッというまに缶切り終了

カタログには「罐詰1個を5秒であける！」との文句。すばらしい性能を持つワンタッチ式。缶を本体の送りギアに噛ませ回転させながらカッターで開ける仕組みです。価格5980円。当時、ビジネス特急「こだま号」東京ー大阪間が2等車で1980円でしたから、結構なお値段です。基本的には家庭用として作られました。上手く開くのですが、家庭でこれを買ってまで缶を開けた人が、どれだけいたのか疑問です。でも各社で販売されていたのをみると、意外と需要はあったのかもしれません。

日立

電気ポット（コーヒー沸かし器）

型番：CP-310 | 昭和 34 年 | 価格不明

赤ちゃんのミルクからお父さんの晩酌まで……
電気でおいしく召し上がれ

おいしいコーヒーを召しあがれ

本体とコーヒー粉を入れるバスケット

つまみにかかる色でできあがり具合を確認

電気ポットとコーヒー沸かしセットでコーヒーを入れます。どのようにコーヒーができるのか……。ポットの中にコーヒー粉を入れたバスケットをセット。加熱するとパイプを通りお湯が噴き上がり、バスケットを通って下に落ち、再び噴き上がりと循環、コーヒーが徐々に濃くなるという仕掛け。噴き上がるお湯が、蓋のガラス製つまみにかかり、そのコーヒーの色の濃さで、適当な頃を見計らいコンセントを抜きます。各社から同様の製品が出ていました。

東芝　Unique KADEN 05

ベビーミルク沸し

型番：MW-101　｜　昭和34年　｜　価格：1,200円

この器具は文字通り、赤ちゃんのミルクを作るためのものです。しかも沸いたあとは一定の温度を保つという製品。カタログによると「いつでもどんな時でもミルクが一定の温度を保ちますので大変便利です」ということだそうです。やはり赤ちゃんのためのものだけに、かわいらしいデザインになっていますね。今でいうところの調乳ポットのさきがけのような製品です。

左右についた取っ手が愛らしい

東芝　Unique KADEN 06

銚子保温器

昭和33年　｜　価格：680円

お燗した銚子の「保温用はかま」です。冷酒をお燗するためのものではありません。取扱説明書の図解では、「室温15℃でお銚子に入れた60℃の燗酒は、10分後には40℃に下がりますが、この保温器を使うとほぼ60℃を保つ」とのこと。冬の夜、こたつに入りテレビを見ながらこの保温器で燗酒をチビリチビリ……。ゆっくりといい時間が過ぎていきます。アメリカへの輸出も準備されたようですが、向こうでは日本酒を燗して飲む習慣はないだろうということで取り止めになったとか。

いつまでもオイシイ燗酒を味わえます

クリーンポット

型番：KP-688 | 昭和39年 | 価格：1,650円

時代を先取り　スケルトンボディーの秘密

金属製の電気ポットは古くからありましたが、これはご覧の通り透明になっています。なぜ透明になっているのか……。ただ単にデザイン的な面だけでなく、プラスチック製で軽量なこと、そして沸騰する状態が見えるようにするためだそうです。たしかにお湯の沸き具合がすぐにわかるので便利そうです。しかし耐熱のプラスチックとはいえ、お湯をグツグツ沸かすと、なにやら熱で溶け出しそうなイメージがしてちょっと気になります。当時の人たちはどう思っていたのでしょうか。

乾電池消しゴム

型番：BE-1 | 昭和36年 | 価格：780円

まるで手品のよう！キレイになんでも字が消せる……？

先端の消しゴムを回転させて、文字を消す「乾電池消しゴム」です。この商品の取扱説明書にも昭和30年代にはよく見かけた、でも今読むとちょっとオーバーな表現が……。「瞬時に、きれいに、なんでも消せる。これが東芝乾電池消しゴムです」「瞬間的に、しかも跡形なくきれいに消えます」「活字、タイプ字、インク、ボールペン、墨、絵、鉛筆等なんでも消えます」。瞬時には消えへんやろ！　なんでもといっても油性ペンはどうなんや！　跡形なくといっても跡くらい残るやろ！

かなりツッコミが入りそうな取扱説明書の文章です。でも私、個人的にはこの大らかさ好きですけどね……。細かい作業をする設計やデザイン関係の方々には需要があったようです。この写真の乾電池消しゴムがBE-1で1号機ですが、東芝ではモデルチェンジを重ね、平成に至るまでの長きにわたり生産していました。

早川（現 シャープ）

Unique KADEN 09

自動ハサミ「クイッキー」

型番：EV-990 | 昭和36年 | 価格：1,750円

紙でも布でも自在に切れる お裁縫の電化はこの一品から

滑らかに布を裁断していくクイッキー（写真は2号機のEV-991）

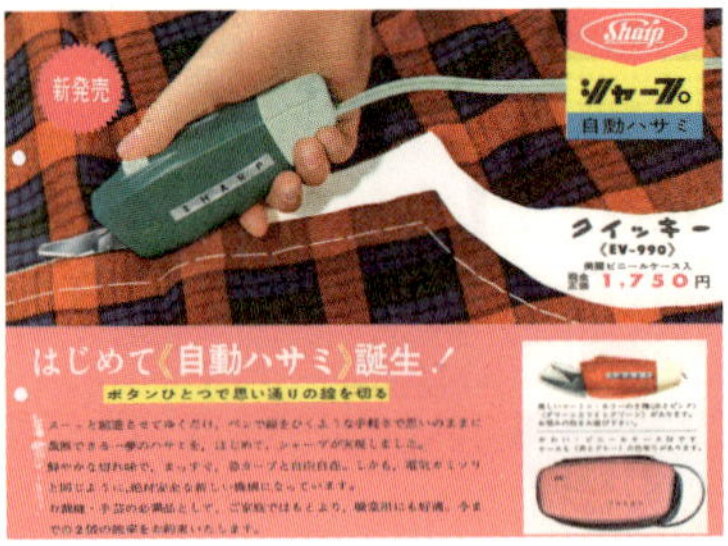

1号機のEV-990

シャープがお台所の電化の次に考えたのが“お裁縫の電化”。「ハサミが電化されました。かるく握ったままで、滑るように切れる……、シャープ自動ハサミは、日本で初めてシャープがおおくりする画期的な新製品です。クイッキーは素晴らしい性能の持主で、特に刃は毎秒60回微振動しますから複雑な曲線切りは まさに“クイッキー”の独壇場です」。牛乳1本12円の時代に1750円……。牛乳約150本分。かなり高価ですが、縫製業者やデザイナーさんに発売当初は結構売れたようです。なんでも有名な下着デザイナーの鴨居羊子さんも使われていたとか。

超音波リモコンセット「ソニック・コマンド・システム」

型番：TW-3 | 昭和34年 | 価格：22,000円

「超音波」の宣伝文句が懐かしい
ちょっとごついリモコン

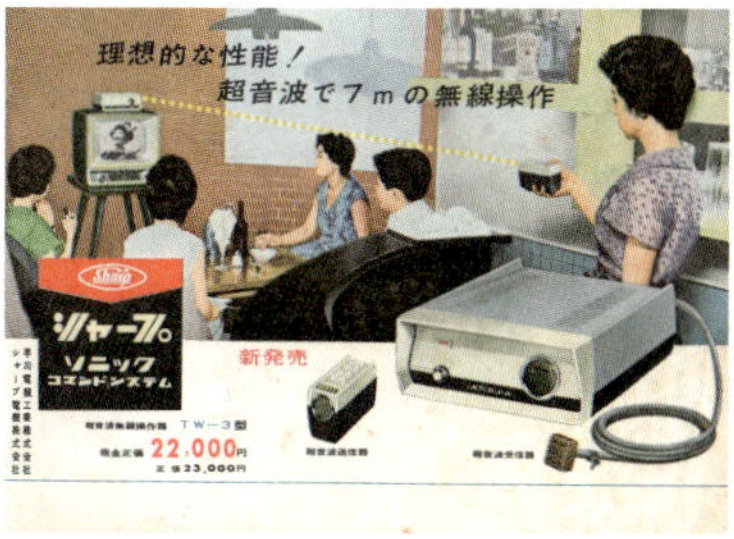

ソニックコマンドシステム……。なにやらモノスゴイ言葉の響きですが、早い話、今でいうならテレビのリモコンです。昭和34年当時、有線式のリモコンは既にあったのですが、無線式のリモコンも結構早くに誕生していたのですね。「エレクトロニクスの粋を集めたシャープ・ソニック・コマンドは、超音波を利用した完全な無線方式のテレビ用リモコンです」とはチラシの宣伝文句。価格2万2000円……。当時、高卒の国家公務員初任給は6700円。まだテレビ自体も全世帯に普及していないなか、相当に贅沢な一品です。

東芝

スナック3

型番：HTS-62 | 昭和39年 | 価格：3,500円

あわただしい朝を助ける朝食作りの秘密兵器？

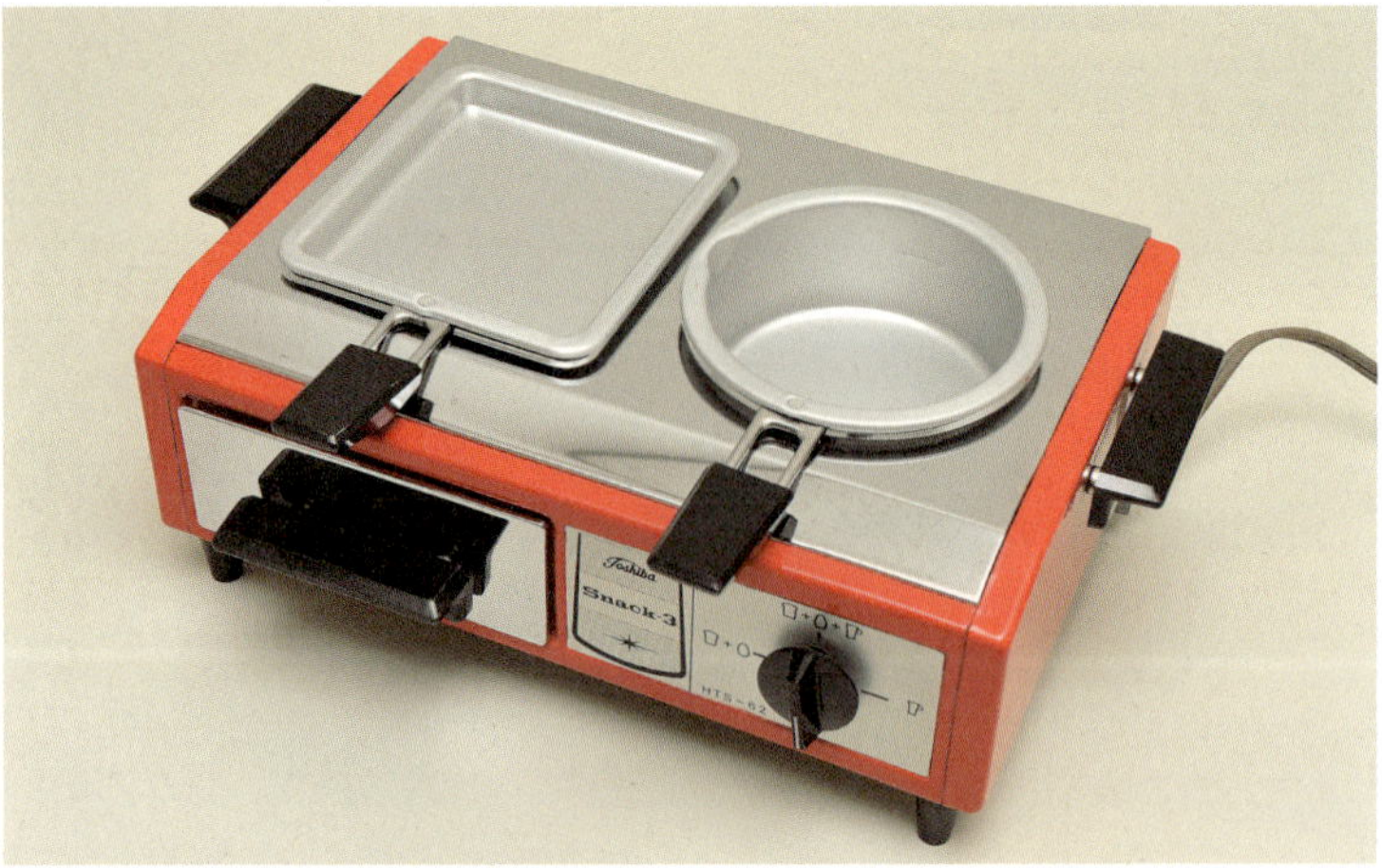

1台で3品作れるにしてはコンパクトな大きさ

トーストを焼く熱で目玉焼きも作る一石二鳥

あわただしい朝に、トースト、ホットミルク、目玉焼きが一度に調理できるという触れ込みの東芝「スナック3」。使い方は見ての通り、トースター、ミルクポット、ホットプレートでそれぞれを調理します。取扱説明書には上手な使い方として「2つまたは3つの調理を同時になさるときには所要時間の長くなるものからセットしてください。まずミルクを入れ、2～3分たったら次にプレートに卵を落とし、最後にトースターにパンを入れる……」とありました。まさしく同時進行で3品完成ってところです。宣伝文句は「スナック3をスピーディーな朝食などにフルにご活用ください」。でも調理の間は、朝の忙しいときにこのスナック3の前にずっといなければならないわけで……段取りがいいのか、いささか微妙～ではあります。でも、この発想といいネーミングといい、個人的にはお気に入りです！

Toshiba
Snack-3
HTS-62

電気釜分割内鍋（4分割1.8ℓ用）

昭和35年 ｜ 価格：600円

ご飯、みそ汁、おかずにケーキ 4品同時調理はホントに「便利」か、さあ実験

水加減、味加減の準備をしっかりしたらあとはスイッチを入れてできあがりを待つだけです

手を合わせていただきま～す！

「ご飯とみそ汁が一緒にできる分割内鍋」。分割された内鍋に、それぞれ下ごしらえしたものを仕込めば、ご飯炊きにとどまらず、ほかにも湯沸かし・汁・温めものが同時にできるというモノ。当時のレシピ集には「ご飯とお粥」という簡単な物から「ご飯とカレー」、また3分割、4分割鍋では「白飯・粥・野菜甘煮」「枝豆入茶飯・七分粥・スポンジケーキ・マッシュポテト」といった手の込んだ献立も紹介されています。でもスポンジケーキ、マッシュポテトに茶飯……。いささか不思議な組み合わせです。

分割内鍋のためのレシピ集

きのこご飯・筑前煮・みそ汁・スポンジケーキ。４品のできあがり

今回、きのこご飯・筑前煮・みそ汁・スポンジケーキの４品を作りました。筑前煮と、きのこご飯が生煮えで２度失敗。メニューごとに外釜に入れる水の量の調節が必要で、説明書を読み大人６人が相談して作ってもこのありさま。メニューごとに水の適量を見つけるのは、難しいというか面倒というのが実感です。レシピ集には「もっともっと工夫なさって、色々と個人個人に即応した料理を見出し、台所の合理化を計っていいただくことを念願いたします」とありますが、その“もっともっと”の工夫が大変ということで、この分割内鍋が便利そうに見えるけど、大ヒットには至らなかった理由では……という結論です。でも４品を同時に調理して、台所の合理化を図ろうという発想には拍手です！

透視型自動炊飯器

型番：SR-18RG | 昭和35年 | 価格：4,500円

横から見た外観はごく普通の炊飯器

ご飯を炊いている様子をこの窓から確認

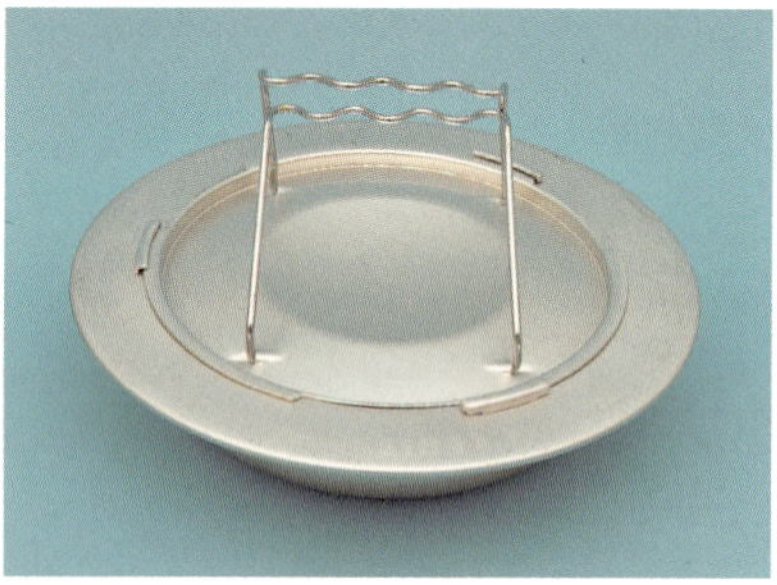

別売の「（おしるが同時に炊ける）立体なべ」250円

上で汁物、下ではご飯 中ものぞける炊飯器

炊飯器の蓋が透視型（ガラス窓）となっていて調理の様子がわかる。また別売の立体なべを使えば、炊飯と同時におしるが同時に炊けるというものです。昭和35年の誕生から幾星霜、平成に入り松下電器では「ワールドシリーズ」と称し、炊飯機能のみのシンプルな炊飯器を世界展開し人気を得ました。お国事情に合わせ、炊飯しながら蒸し料理やスープの温めができるよう立体なべを用意。またガラス蓋は、炊き込みご飯を作る香港で調理具合が見えると好評だったとか。ようやく時代が追いついたんですね。

松下（現 パナソニック）

高級電気600Wコンロ（角キャリアー型）

型番：NK-621 | 昭和36年 | 価格：1,480円

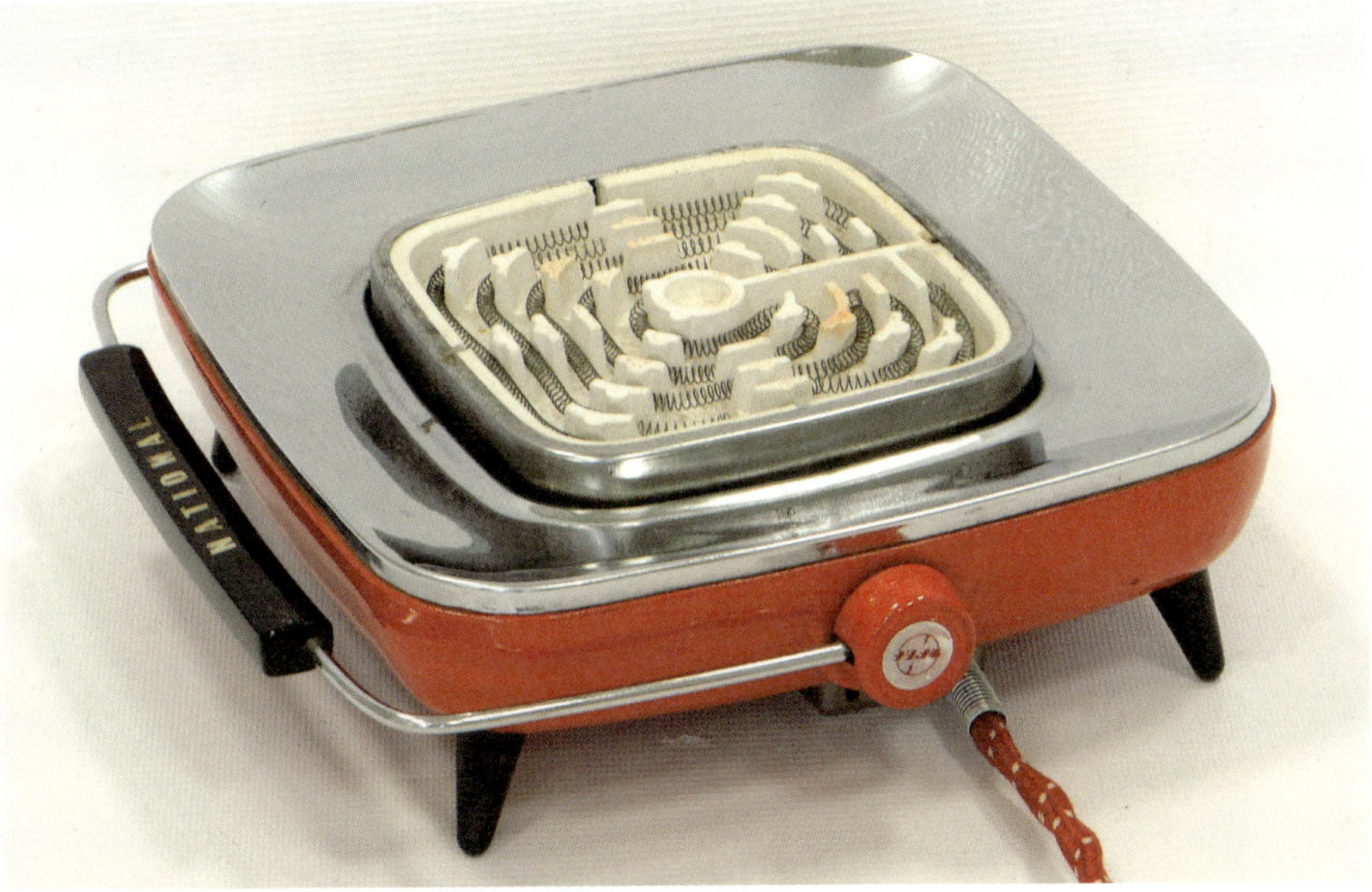

ガードをはずせば電熱コンロ

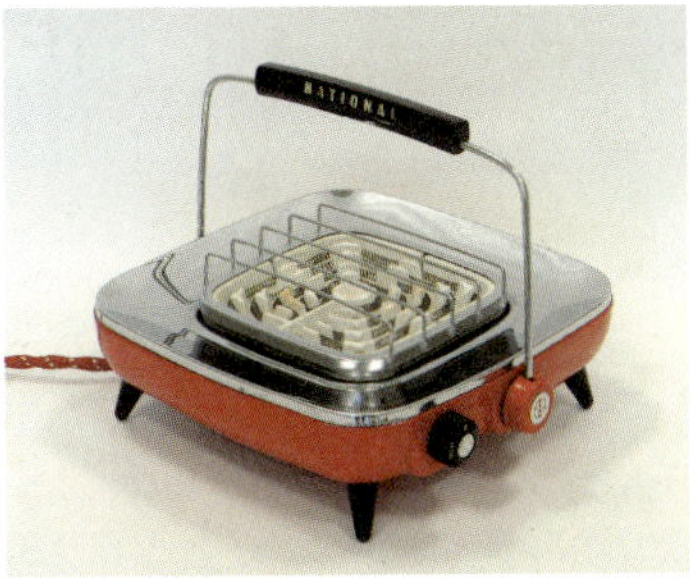

取っ手があるので持ち運びしやすい

取っ手をスタンドにして立てかければストーブに

なんと〃ストーブ〃兼用！ユニークな一台二役

宣伝文句は「1台で暖房に……料理に……いく通りにも使える」でした。コンロとして、またガードを付け取っ手を倒してスタンドにすればストーブとして、そして取っ手を起こせば持ち運びもできました。

冬の日曜日、アパートでひとり暮らしの学生さん。お昼に起きだしてコンロで即席ラーメンを作り、その後は机の横でストーブに……。そんな場面が目に浮かびそうなコンロです。

ペアに多機能、双方向　夏を乗り切る昭和のアイデア

富士電機　Unique KADEN 15

お座敷双頭扇「サイレントペア」

型番：FSW2564 | 昭和 39 年 | 価格：15,500 円

双頭式扇風機とでもいうべきか、上下2段セットになった扇風機。その名も富士電機の「サイレントペア」。上段、下段の扇風機で各々、ON・OFF や強弱の調整ができます。会社や工場などで使われることを想定して作られたのでしょうね。過日、NHK の連続テレビ小説『ゲゲゲの女房』で、雑誌の編集部の場面にこのサイレントペアがでていました。時代考証、使用される場所の設定……思わずニンマリしました。小道具さん、グッドジョブです！

東芝　Unique KADEN 16

あんどん扇

型番：PA-15A | 昭和38 年 | 価格：12,000 円

「一台で３役（扇風機、電気スタンド、常夜灯）をこなす東芝だけの独特のアイデア商品」（『電波新聞』）。夏の暑い夜、高級（まぁ高級でなくてもいいのですが）旅館の一室、涼やかな風を送る“あんどん扇”。その横のテレビでは巨人‐国鉄のナイター中継。そんな場面に出てきそうな扇風機です。

双方向式扇風機「ポルカ」

型番：M-6021A | 昭和34年 | 価格：7,200円

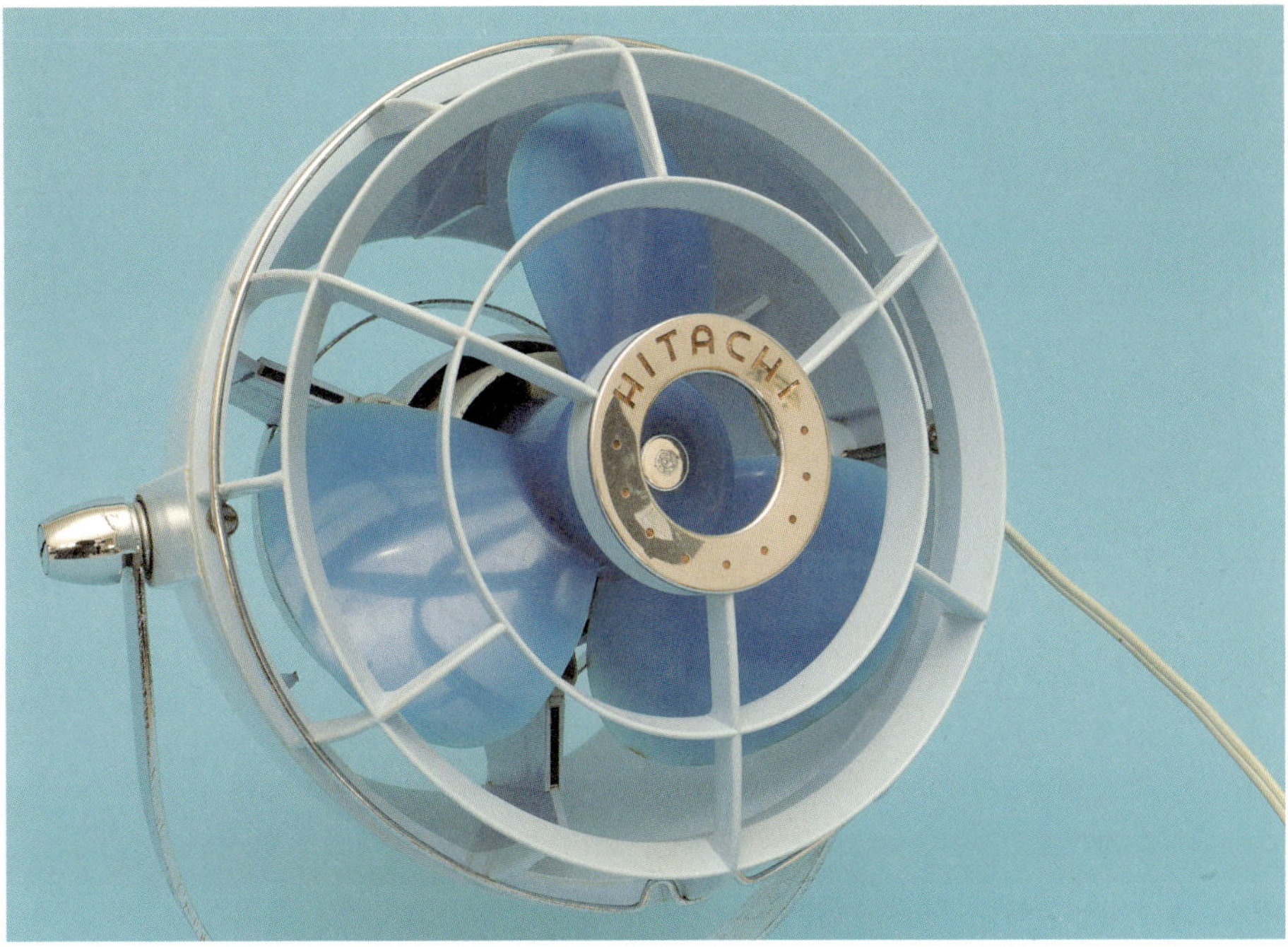

一見すると普通の小型扇風機のようですが、それがなかなかどうして……。扇風機のスイッチをONにすると前面から風が出てくるところは普通ですが、この扇風機のスゴイところは、スイッチを反対方向に回すと今度は羽根が逆回転して、なんと後ろへ風を送ることができるのです。この卓上扇風機を机の上に置いて、まずは羽根を正回転させて前の人が涼しくなり、続いて今度は羽根を逆回転させて後ろの人が涼しくなる……。会社の机で扇風機を隔てての風の心配り。「まぁ、なんて優しい人」と、これがキッカケで愛が芽えた……、というようなお話はあったのでしょうか。

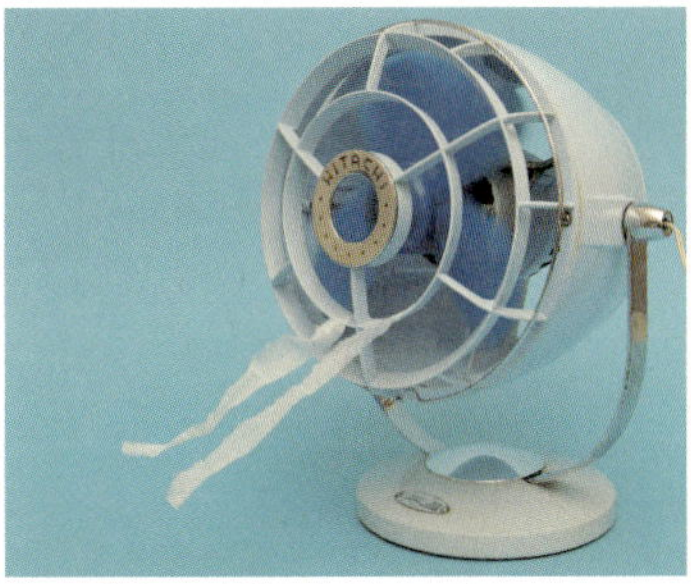

普通に前方に風を送るだけじゃなく

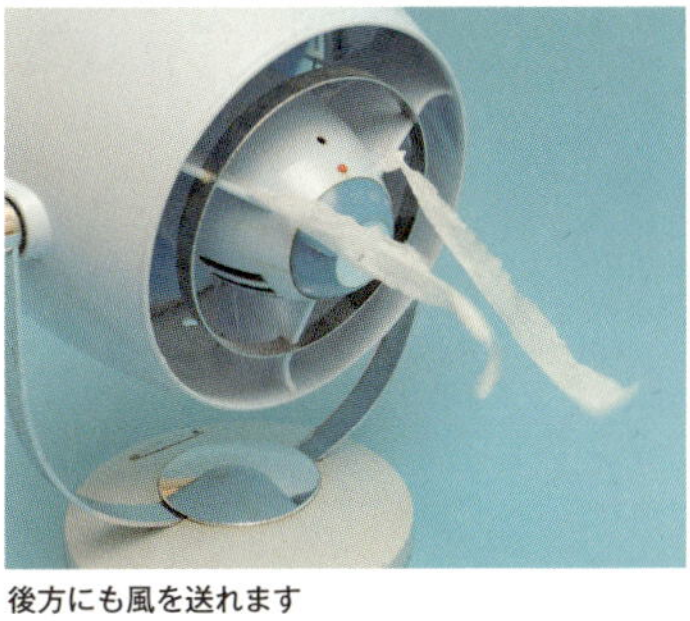

後方にも風を送れます

発売・日東通信機、製造・岩崎通信機

両面ダイヤル式電話機「ボース・ホーン」

昭和38年 | 価格：9,700円

受話器がひとつにダイヤルがふたつ

ニュースになるほど画期的だった……？ 向かい合わせでダイヤルできる電話

ダイヤル中央に使用上の注意点が書かれています

ひとつの電話機にダイヤルが2個付いていて、机を挟んで両方からダイヤルできるという「夢のテレホン！ペアーダイヤル方式ボース・ホーン」。もちろん電話をかけられるのは1回線だけです。当時は電話回線が少なく、また回線を申し込んでもすぐに引くことができなかったことから、このようなアイデア商品が生まれました。主に新聞社やテレビ局で使われたとのこと。使う際にコードの位置関係で、一方の人は右手で受話器を持ち、左手でダイヤル……という図になってしまい、少々使いづらそうです……。発想はとても面白かったのですが、そんな理由からかヒット商品とはならなかったようです。

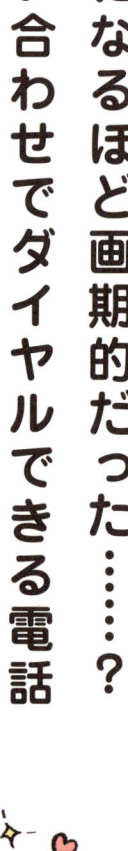

ボース・ホーン開発秘話
あの大平首相も使っていた

（写真提供：NHK）

ボース・ホーンを開発したのは、香川県丸亀市で乾物屋を営んでおられた谷本亀太郎さん（故人）。長男の浩一さんのお話によると、発明好きでアイデア商品を考えたり、また県のボクシング連盟会長や市会議員をしていて忙しく、本業の乾物屋はもっぱら奥さんに任せっきりだったそう。なかなか愉快な御仁ですが、ご家族はいささか大変だったかもしれません。当時は電話回線が少なく、会社でも１台の電話機を数人で使うのが普通でした。乾物屋で向かい合せの机の中央に置かれた一台の電話機を、互いにひっくり返して使う姿を見た亀太郎さん、「両側にダイヤルがあれば便利だろう」と、ボース・ホーンのアイデアを思いついたのだとか。しかし、町の発明好きの大将のアイデアを、製品化してくれる企業はなかなか見つかりません。そこで亀太郎さんは、後援会に入っていた地元の大物政治家・大平正芳氏（当時外務大臣）に相談。大平氏を通して依頼したことで岩崎通信機が製造してくれることになりました。電電公社（現 ＮＴＴ）からも「うちで販売したいので権利を売ってくれないか？」という話があったとか……。でも、やはり自分で考えたアイデアを他人に譲ることはできず、出資者を募り昭和 38 年に販売会社の日東通信機を設立。自身も専務として営業に駆け回っていたそうです。当初は、日本経済新聞社から大量の注文があったり、発明賞を受賞してＮＨＫニュースにも取り上げられたりと、手応えはあったそう。しかし、その後の売り上げは伸び悩んでしまい、最大の出資者でもあった社長が亡くなったこともあり、残念ながら３年ほどで販売は終了。人々の記憶からも消えてしまいました……。ちなみに大平大臣のご自宅にも１台あったそうです。ボース・ホーン片手に「ア～ウ～」と、あのお馴染みの口調で話しておられたのでしょうか。

（資料提供：谷本浩一氏）

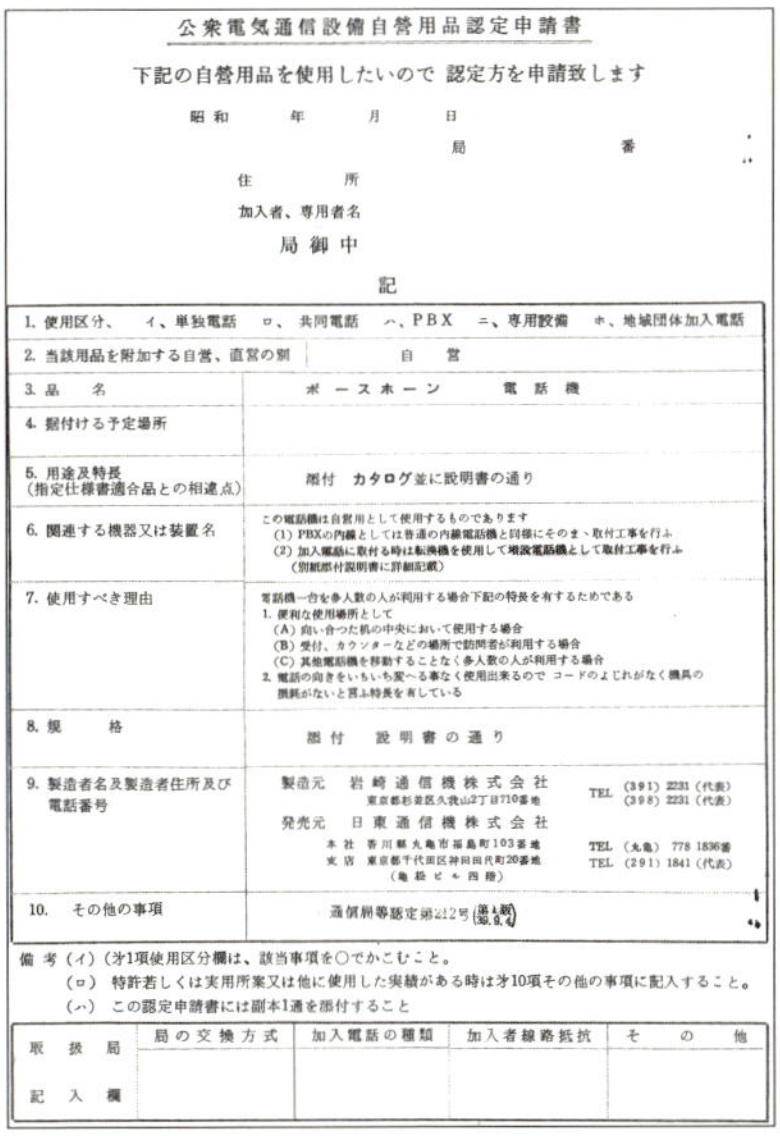

公衆電気通信設備自營用品認定申請書

下記の自營用品を使用したいので 認定方を申請致します

昭和　　年　　月　　日

局　　番

住　　所

加入者、専用者名

局御中

記

1. 使用区分、	イ、単独電話　ロ、共同電話　ハ、PBX　ニ、専用設備　ホ、地域団体加入電話
2. 当該用品を附加する自営、直営の別	自　営
3. 品　名	ボースホーン　電話機
4. 据付ける予定場所	
5. 用途及特長（指定仕様書適合品との相違点）	添付　カタログ並に説明書の通り
6. 関連する機器又は装置名	この電話機は自営用として使用するものであります (1) PBXの内線としては普通の内線電話機と同様にそのまゝ取付工事を行ふ (2) 加入電話に取付る時は転換機を使用して増設電話機として取付工事を行ふ （別紙添付説明書に詳細記載）
7. 使用すべき理由	電話機一台を多人数の人が利用する場合下記の特長を有するためである 1. 便利な使用場所として (A) 向い合つた机の中央において使用する場合 (B) 受付、カウンターなどの場所で訪問者が利用する場合 (C) 其他電話機を移動することなく多人数の人が利用する場合 2. 電話の向きをいちいち変へる事なく使用出来るので コードのよじれがなく機具の損耗がないと言ふ特長を有している
8. 規　格	添付　説明書の通り
9. 製造者名及製造者住所及び電話番号	製造元　岩崎通信機株式会社　東京都杉並区久我山2丁目710番地　TEL (391) 2231（代表）(398) 2231（代表） 発売元　日東通信機株式会社 本社　香川県丸亀市福島町103番地　TEL（丸亀）778 1836番 支店　東京都千代田区神田田代町20番地（亀松ビル四階）　TEL (291) 1841（代表）
10. その他の事項	通信用等認定第212号（[illegible]）

備考 (イ) 才1項使用区分欄は、該当事項を○でかこむこと。
(ロ) 特許若しくは実用新案又は他に使用した実績がある時は才10項その他の事項に記入すること。
(ハ) この認定申請書には副本1通を添付すること

取扱局記入欄	局の交換方式	加入電話の種類	加入者線路抵抗	その他

▲当時、ボース・ホーンを使用するには電電公社に申請書の提出が必要でした

松下（現 パナソニック）

万能小型電気掃除機

型番：MHC-1 ｜ 昭和33年 ｜ 価格：2,950円

洋服のホコリ取りから、お部屋まで セールスコピーは「一家に一台」!!

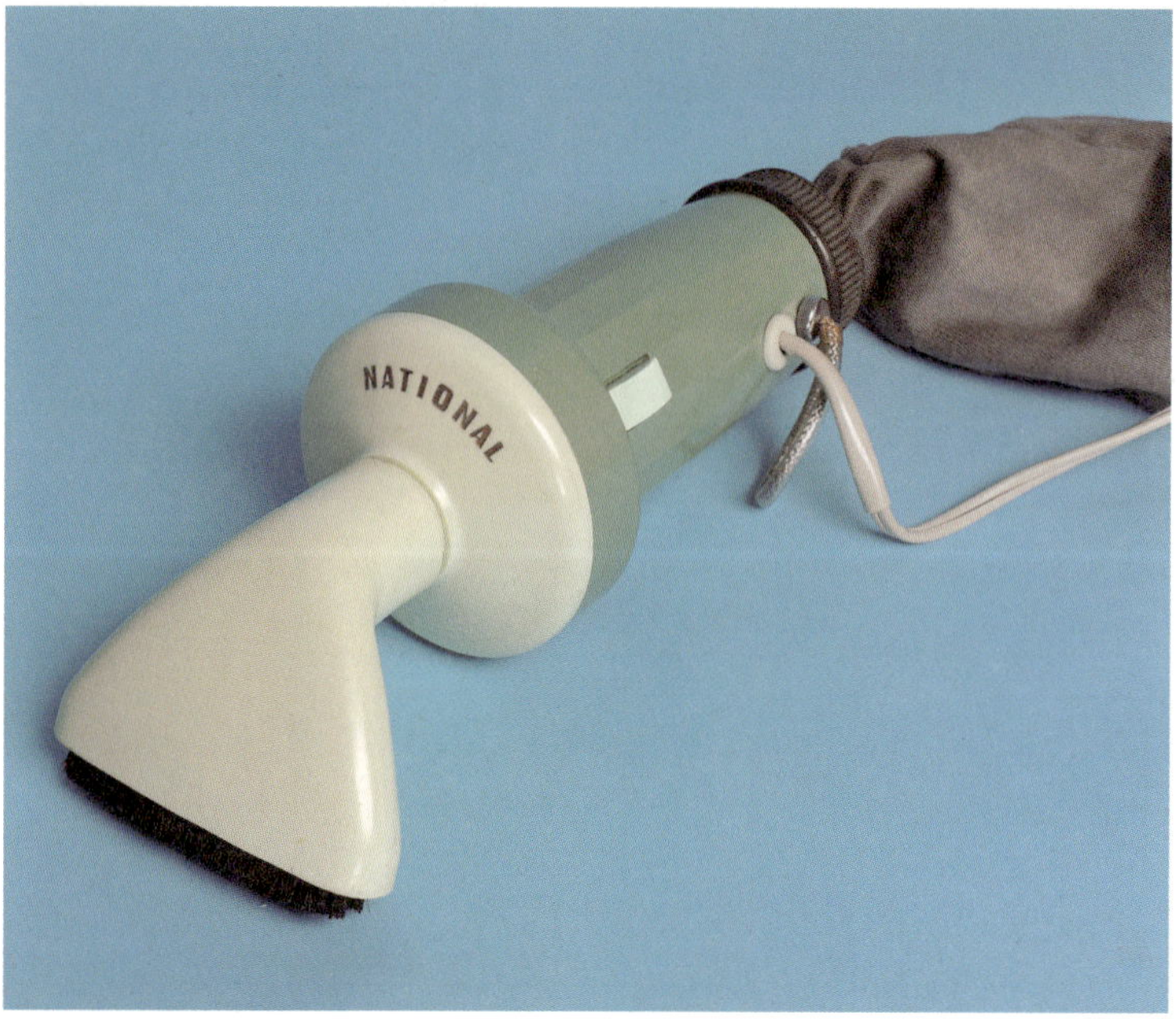

ハンディタイプの小型掃除機

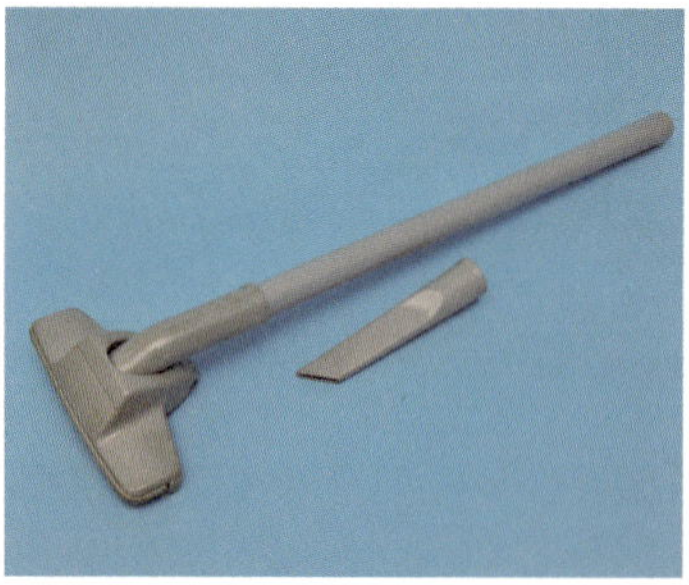

応用部品（別売） 価格：1,000円

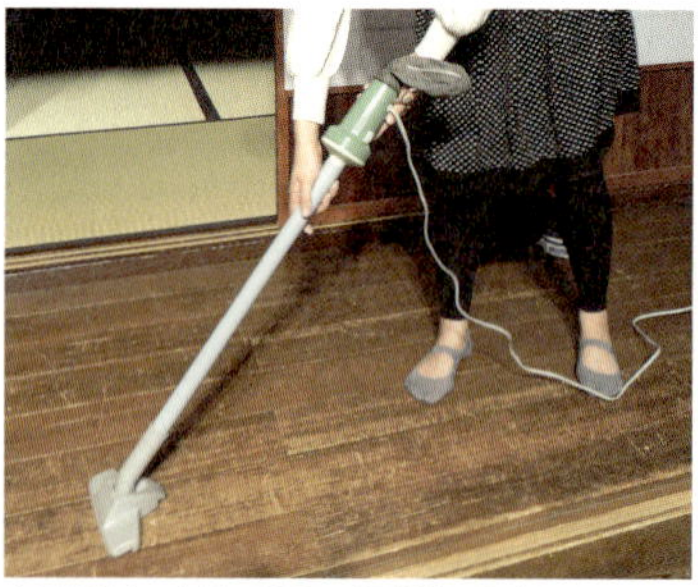

応用部品をつければ普通の掃除機に早変わり

軽便で「完全」に吸塵とか、「万能」小型電気掃除機とか……。「完全」「万能」「永久」、昭和30年代の広告によく出てくるフレーズです。「この製品いいでしょっ！」と、カタイことは抜きにして製品への思いが伝わってきます。別売の応用部品とは、一般の掃除機にある床用吸込口、すき間用吸込口、延長管など。これら応用部品を使えば、部屋の掃除などにも使え「万能」というわけです。でもこの小さなモーターで部屋の掃除は少々無理がありそうです。

ポータブル洗濯機「マミー」

型番：P-M1 | 昭和37年 | 価格：9,800円

洗面器やタライが電気洗濯機に早変わり！

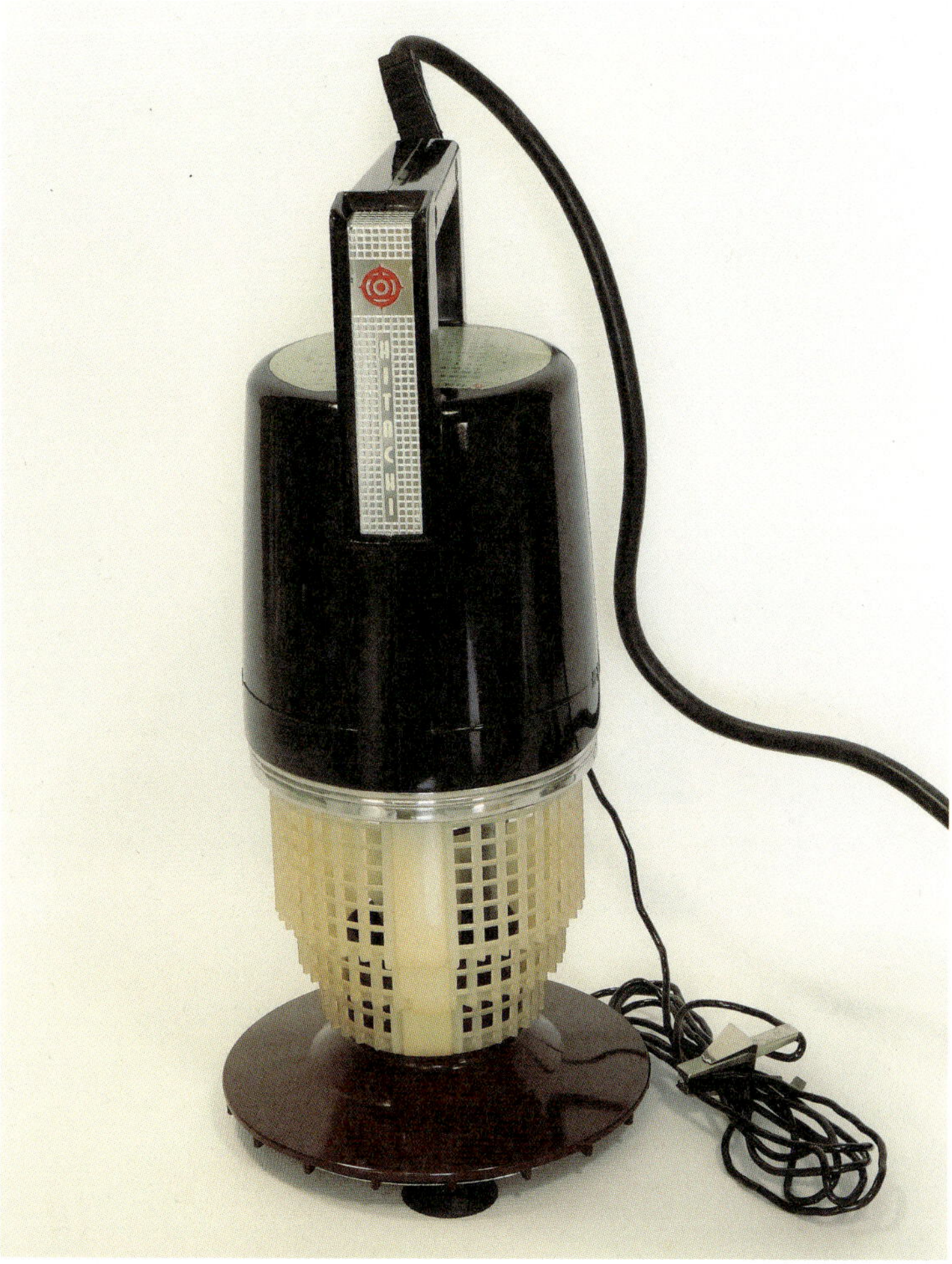

見ただけでは用途がわからない不思議な一品

日本で最初のポータブル洗濯機と銘打たれた、その名も日立「マミー」。タライ、バケツなどに洗濯物そして水と洗剤……そこにこのマミーを入れて動かすと、ポータブル洗濯機になるという仕掛け。ちなみに愛称のマミーとは「ママのようなすばらしさ」から。カタログには「いよいよ日本にもポータブル洗濯機の時代がやってきました」と高らかに宣言していますが、どうもその時代はやってこなかったようです。

旅行用に、コードレス……アイロンの進化の完成形

東芝

Unique KADEN 21

ハンドプレッサー

型番：EI-46 | 昭和40年 | 価格：1,200円

このハンドプレッサーや、ゆで卵器などの小モノ製品。業界紙によると「秋の結婚シーズンから年末年始の需要最盛期には小モノ製品も活発に動く」とのこと。この手の製品、「ご結婚御祝」と熨斗《のし》紙がついたまま未使用のことがよくあります。お祝いにもらったものの使われることもなく、押し入れの隅で長い眠りについていたのでしょうね。このハンドプレッサーも、まだまだ熨斗紙を付けて眠っているものがあるかもしれません。

パシッと挟んでスーッとアイロンがけ

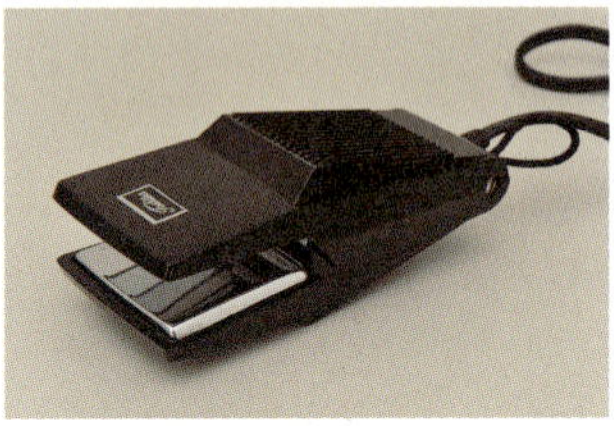

ワニが口を開けたようなデザイン

松下（現 パナソニック）

Unique KADEN 22

スーパー裁縫アイロン

型番：NI-18 | 昭和37年 | 価格：1,490円

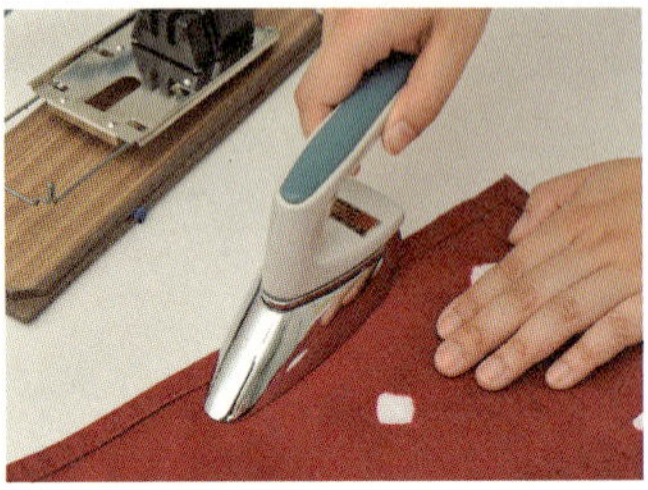

コードレスで使いやすい

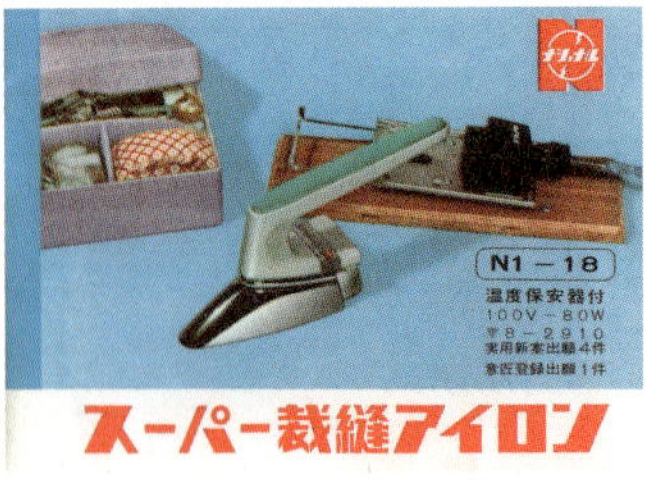

今では珍しくないコードレスアイロン。当時の宣伝文句は「コードが邪魔にならず、スタンドにのせると通電しますので大変経済的です」と、コードが邪魔なのは今も昔も同じようです。電源をつないだスタンドにアイロンを差し、熱くなったらスタンドから抜いて180℃で1～2分間使えました。形状や仕組みなど、今でいうところの「裁縫こて」とほぼ同じです。

旅行用アイロン「ポータロン」

型番：EI-102 | 昭和36年 | 価格：1,300円

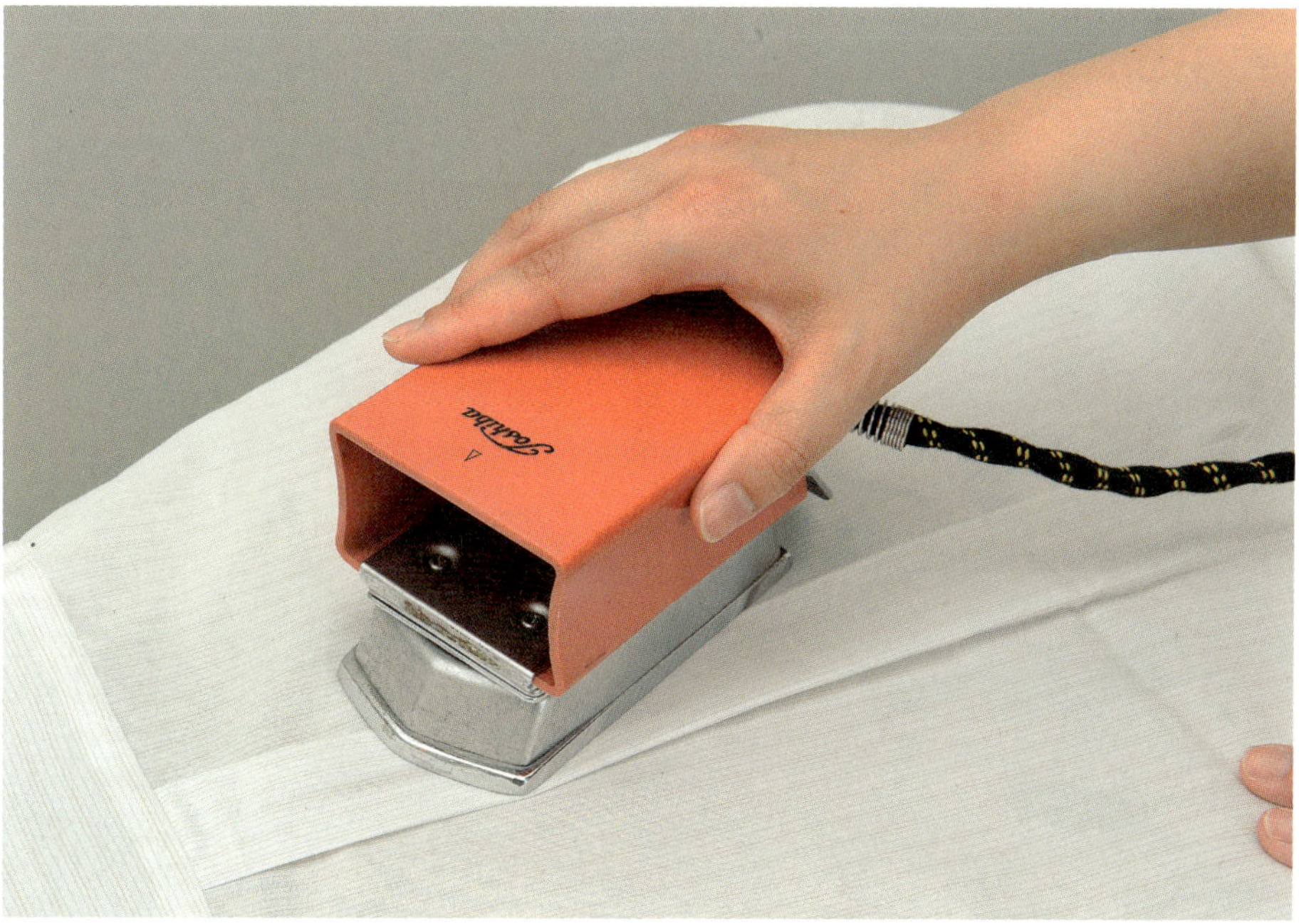

東芝から発売された旅行用アイロン。その名も「ポータロン」。たぶん「ポータブル」と「アイロン」からの造語なのでしょう。この時代の特徴であるわかりやすいネーミングです。取扱説明書によると「このアイロンは、旅行中での着くずれや　靴下　ハンカチ.等　手軽なアイロン掛けの出来るよう、携帯ケースに入った便利なアイロンです」とのこと。写真のように、持ち手となるハンドルを本体に装着すれば小型アイロンのできあがり。当時の人たちは結構几帳面だったようで、旅先でも布団で寝押しをして服装を整えていたとの話はよく聞きます。でも小型とはいうものの、やはりアイロン。重くて荷物に感じます。わざわざ旅行先にこの「ポータロン」を持参して使った人って、どれくらいいたのかなぁ。

ハンドルと本体はセパレート

専用ケースに収納したところ

松下（現 パナソニック）　Unique KADEN 24

電気自動皿洗機

型番：NR-500 | 昭和35年 | 価格：59,000円

時代を50年先取り！

乾燥機、皿洗機、空気清浄器……
時代を先取りしすぎて登場がちょっと早かったかも
〝新しくて古い〟これらの家電をご覧あれ

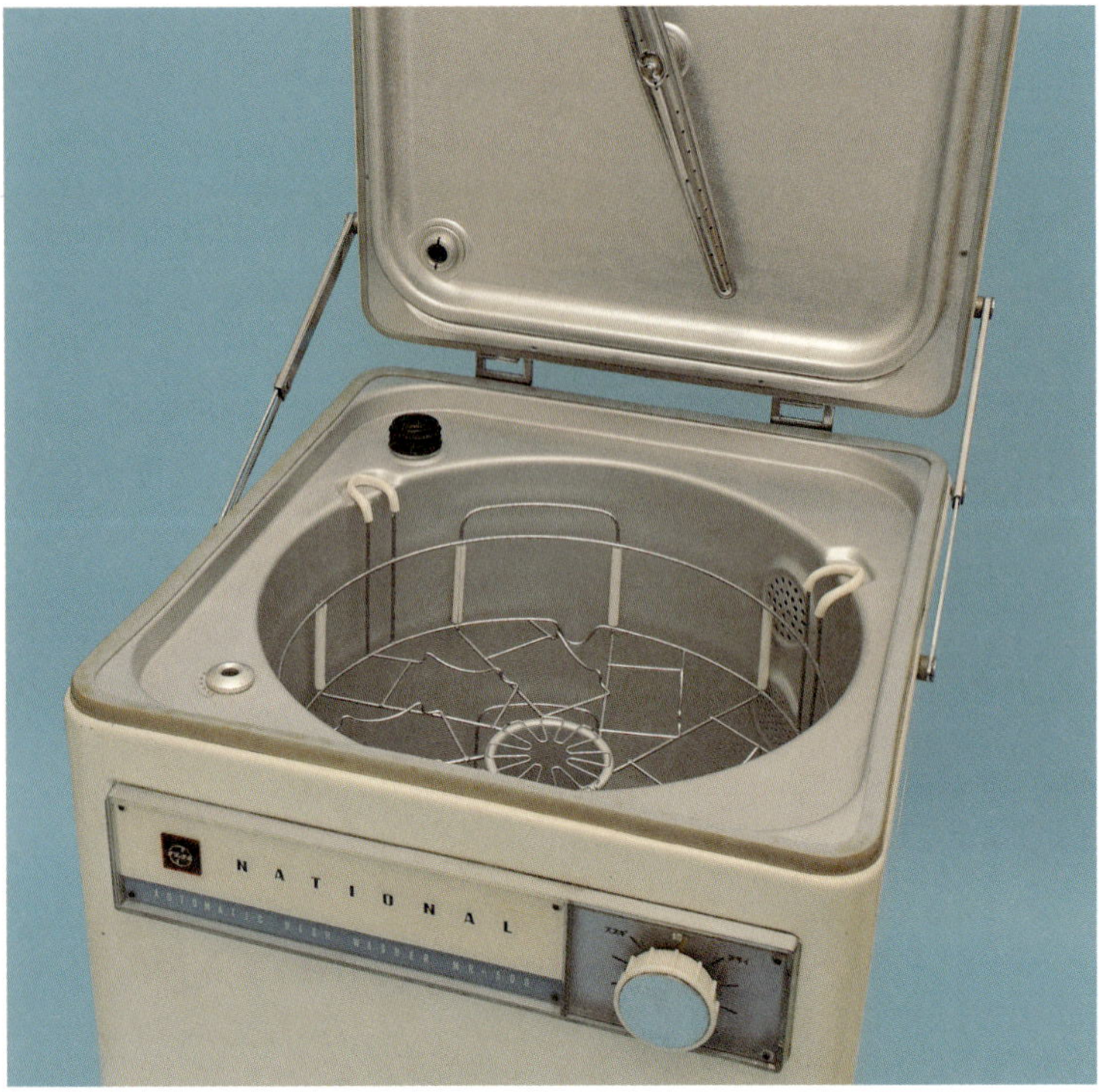

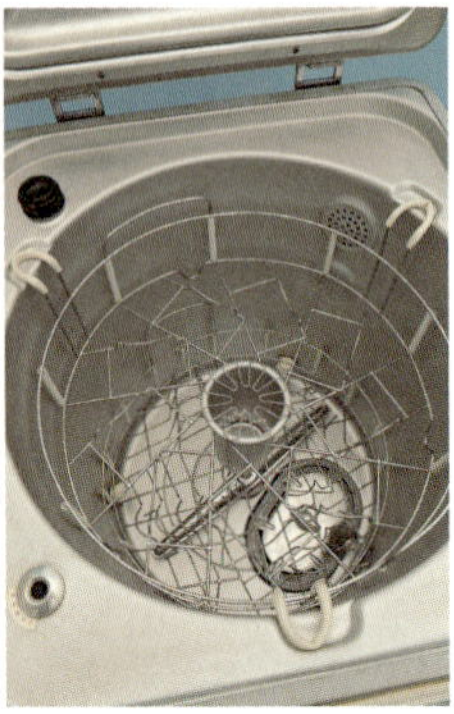

一見すると洗濯機のようですが、実はこれ電気自動皿洗機。発売は意外と早く昭和35年。松下電器曰く、これが日本初だそうです。しかし高卒の国家公務員初任給が7400円の時代に、5万9000円と高価なこと。5～7人の家庭用にしては場所をとること。また一回洗うと100ℓと、水を大量に使うこと。そして「食器を機械に洗ってもらうなんて……」という当時の常識。残念ながら普及しませんでした。しかし、あきらめず工夫を重ね50年、主婦もどんどん外で働く世の中の到来もあり、ようやく食洗機の時代が訪れました。

松下（現 パナソニック）　Unique KADEN 25

電気乾燥機

型番：MK-800 | 昭和 34 年 | 価格：19,500 円

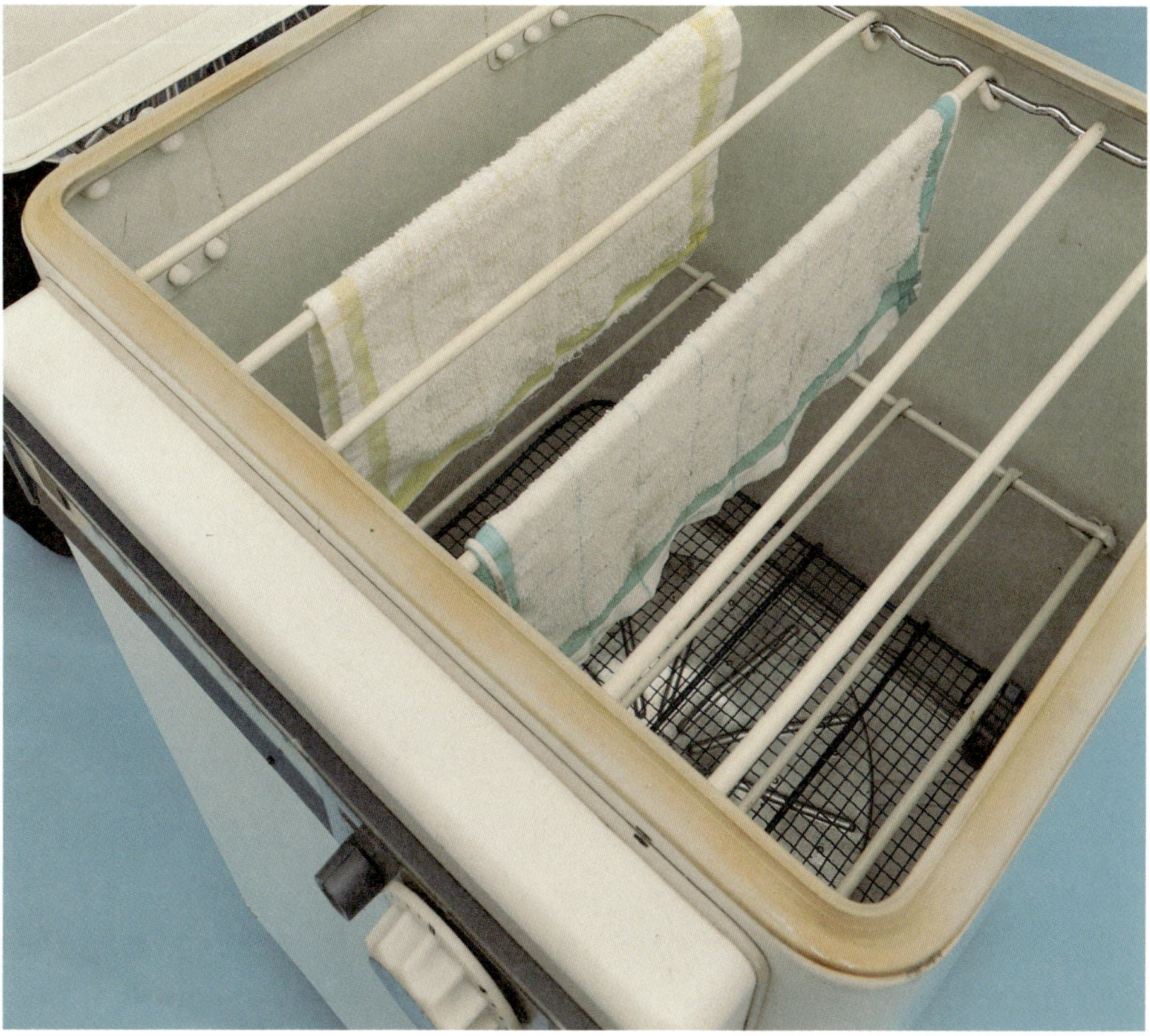

「お洗たくから乾燥まで、すべて家の中でできたら…（中略）…そのご返事が、独特の温風循環方式を採用した、画期的なナショナル電気乾燥機です」（『NATIONAL SHOP』昭和 35 年 1 月）狙いは「洗たく物が、油煙やホコリでとくに汚れやすい工場の近くや、線路わきのご家庭……」。“線路わき”でなぜ乾燥機ってお話ですが、かつて国鉄（現 JR）の列車のトイレは垂れ流し式。つまり線路にナニがそのまま落ちていました。もっとも列車は走っているので、そのものではなく細かく飛び散ります。ですので線路わきの民家は……。線路わきには「黄害反対」なんて看板もよく出ていました。そこで「洗濯物は外に干さず、ナショナル電気乾燥機を」というわけです。

マイナスイオン発生器「イオナイザー」

型番：VG-5A | 昭和39年 | 価格：13,000円

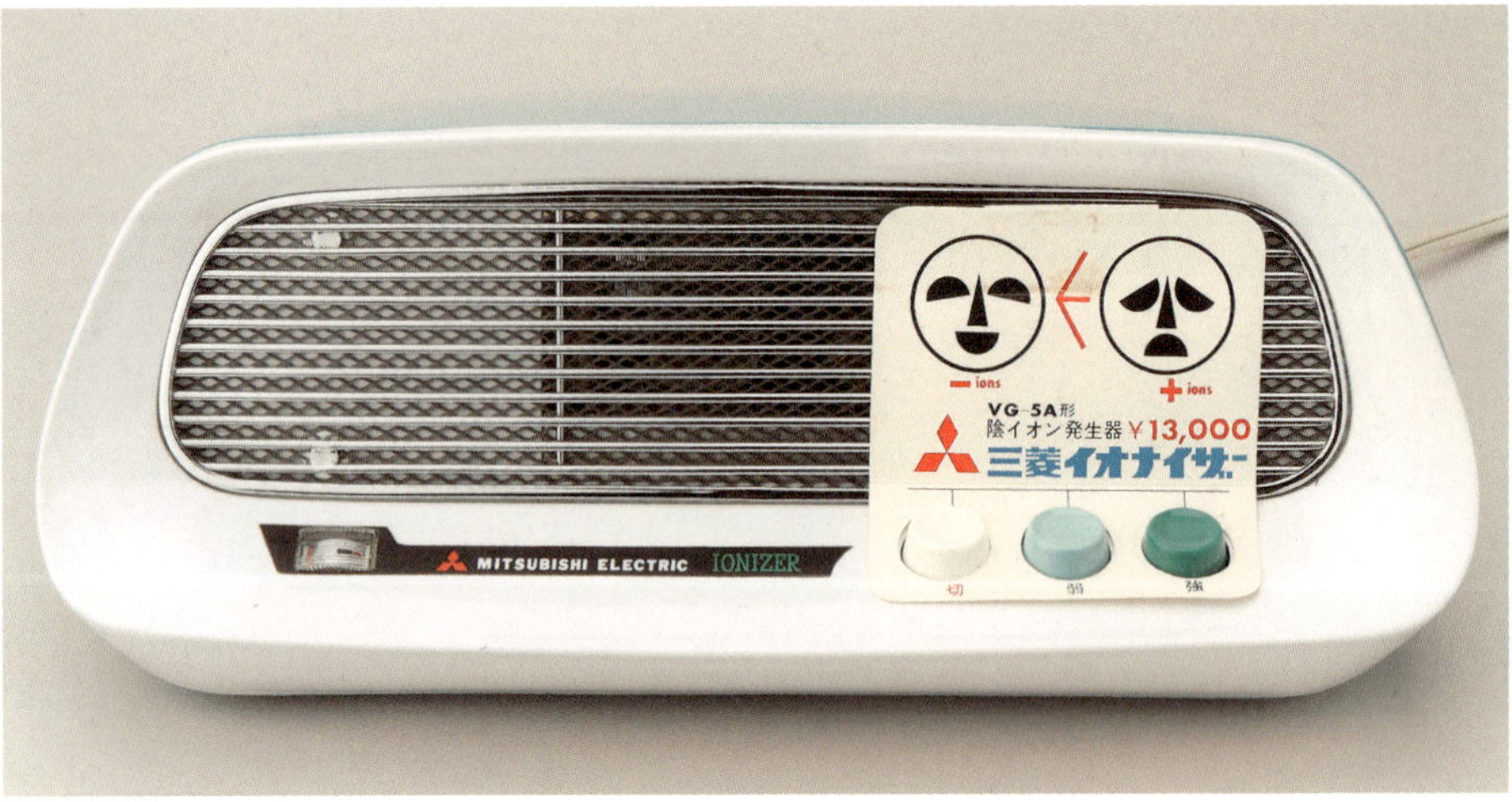

これを見て「何だろう?」と思われた人がほとんどでしょう。三菱電機曰く、「三菱イオナイザーは日本で初めての空気のビタミン発生器」。キャッチフレーズは「イライラする・疲れやすい・頭が重い・眠れない一方へ」でした。当時、開発に携わられた山口南海夫さん（元 三菱電機中央研究所）にお話をうかがいました。昭和30年代も後半に入ると高度経済成長の負の側面である、公害や大気汚染が問題となってきました。ちょうどその頃、マイナスイオンには鎮静作用があり健康によいとの論文が注目を浴び始め、開発の指示が中央研究所にきました。当初は上司の平林さん（後に三菱電機副社長）とたった二人で開発をスタート。そもそもマイナスイオンって何？　とまったくの手探り状態から始まりました。発生するマイナスイオンと一緒に出てくるオゾンを抑えるにはどうするのか。またイオンを発生させるために使用する変圧器は、白黒テレビ用のものを流用しコストダウンを図るなど、試行錯誤を繰り返し商品化にこぎつけたそうです。

ところで山口さん、このイオナイザーって効果はあるのですか？

「う～ん、まぁこれに当たっているとなんとなく気分はいい感じにはなると思うけどな……（笑）」。

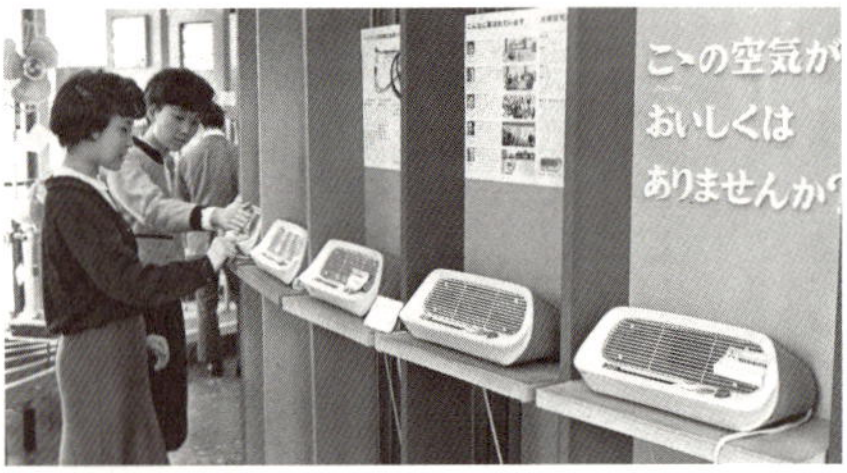

ショールームに並べられたイオナイザーを不思議そうに見る女性
（写真提供：朝日新聞社）

松下（現 パナソニック）

空気清浄器

型番：F-18P1 | 昭和38年 | 価格：28,000円

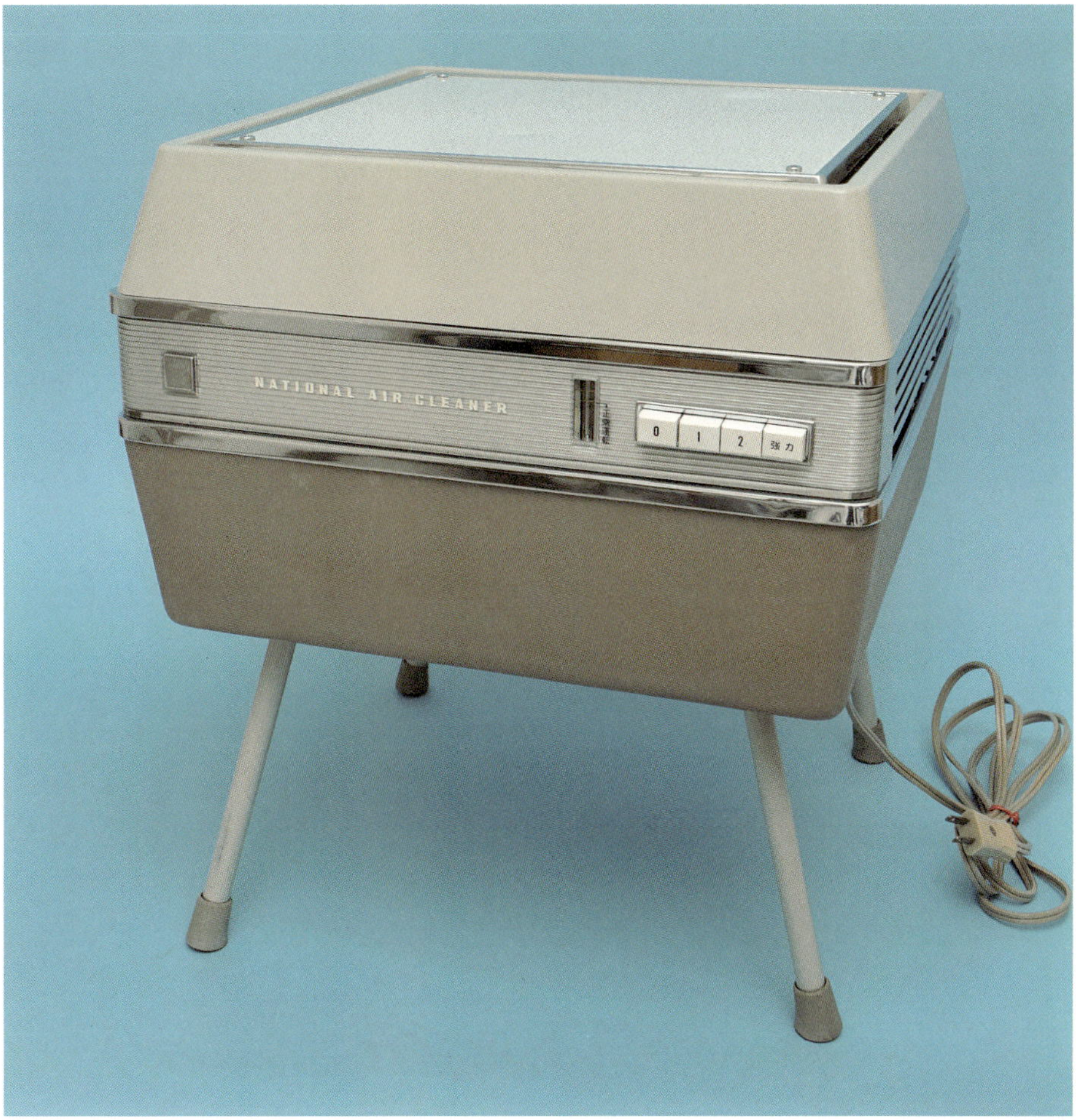

右ページのイオナイザー同様、大気汚染が問題化してきた頃に登場した製品。それまでにもビル用の電気集じん装置はありましたが、これは置くだけの主に家庭用です。仕組みはファンで吸い込んだ室内の空気をフィルターに通し、最後に殺菌灯を当てて再び室内に返すもの。ただ高卒の国家公務員初任給が１万2400円の頃に２万8000円。なかなか家庭では使われなかったようです。「脚光あびる空気清浄器“大気汚染”に立ち上がる」（『電波新聞』昭和38年12月13日）と紹介されたようですが、立ち上がるとはいささかタイソウな気が……。家電製品ひとつといえども、当時の世の中を垣間見ることができますね。

松下（現 パナソニック）

業務用電子レンジ「パナクック」

型番：NE-700 | 昭和 41 年 | 価格：298,000 円

電子レンジの原理が発見されたのは第 2 次大戦中のアメリカ。軍事レーダーの実験中、おやつのチョコレートがマイクロ波で溶け出すという偶然からでした。日本では昭和 36 年に業務用電子レンジの発売が始まり、国鉄（現 JR）の食堂車などで使われました。写真の電子レンジ「パナクック」は主に業務用で 29 万 8000 円。この頃、同じく松下電器から発売されていた家庭用は 19 万 8000 円でした。家庭用といえども、まさしく「夢の調理器」でした。それから 45 年……、今では廉売品が 1 万円ほど。夜遅く帰宅したお父さんが、ひとりわびしくおかずを温めます チ〜ン！「夢の調理器」は現実の調理器になってしまいました。

東芝

電子式卓上計算機「トスカル」

型番：BC-1411 | 昭和41年 | 価格：390,000円

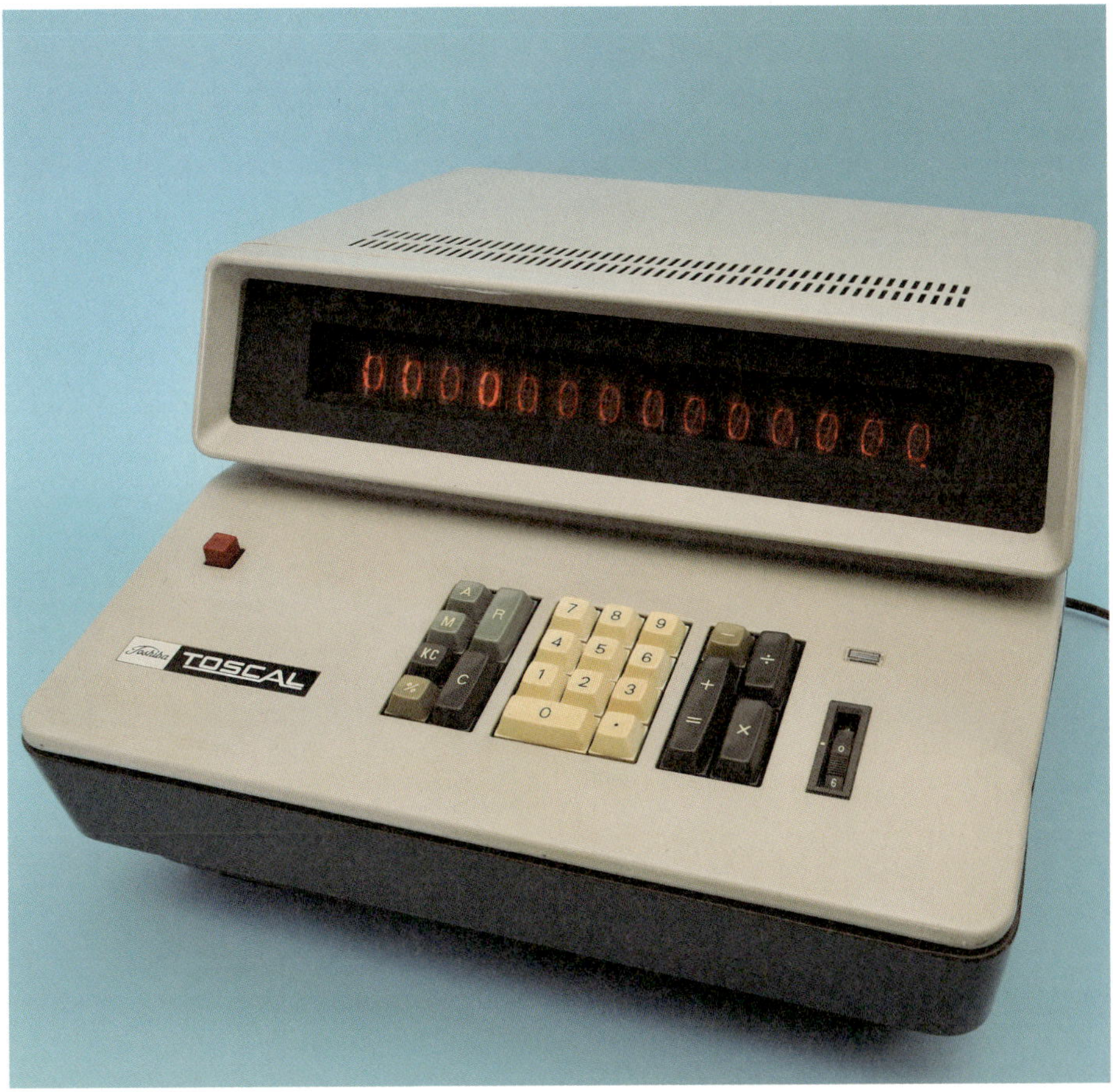

一見、大型のレジスターのようですが、実はこれ初期の電子式卓上計算機（電卓）です。新聞広告には、「エレクトロニクスの先端をゆく東芝が開発」との文句が。「“世界”の最先端」と言わないあたり、昭和も40年代に入ると広告の表現もいささか大人しくなってきたようです。価格は39万円。当時、軽乗用車のスバル360が37万円。なんと自動車よりも高価でした。広告には「連乗・連除も算式通りのキー操作でOK！／パーセント計算も％単位のそのままでOK！／14桁記憶装置で複雑な計算も手軽……」。経理のお許しは大丈夫だったのでしょうか。でもこうやって大枚をはたいて、それでも買ってくださった人たちがいてくれたおかげ、そしてもちろんメーカーの努力もあって電卓の小型化、低価格化がどんどん進んだのでしょうね。

ケッタイな私の半生

増田健一

なんでこないなことになったんやろ？

20×10

「なんで、そんなモン集めてるんですか？」

よく聞かれるんですけど、なんででしょうねぇ～自分でもようわかりません（笑）。まぁ小さい頃から昔のモンが好きで、その頃のモンを回りに置いて楽しんでいたのが始まりです。ほかにも今考えたら、生まれ育った町の影響もあったんかもしれませんね。

● 私が育った下町・千林

私が生まれたのは大阪市旭区千林。大阪の人やったらよう知ってはると思うんですけど、千林は大阪でも有数の商店街がある下町。あの「ダイエー」創業の地でもあります。商店街は今も大勢の買い物客で賑わってますけど、私が小さい頃はもっとすごかった。「千林は安い」っていうんで、京阪沿線の人がわざわざ電車に乗って買い物に来てましたから。

父親はその商店街の一角でカメラ屋を営んでいて、その一人息子として昭和38年8月27日に私が生まれました。家族は両親と祖母、そして私の4人でした。その頃、カラーフィルムは既に発売されていたんですけど、まだまだ主流は白黒フィルムでした。その白黒写真の現像は父親が家でやってました。なんせ借家の狭い家なもんで、わざわざ暗室なんてありません。風呂場が暗室代わりでした。「電気つけたらあかんでぇ」言うて、父親はよく風呂場に入ってました。

大阪万博の頃のにぎわい（父曰く、あれが増田カメラ店のピークだったそうです。それからは残念ながら……笑）、近所の芸人さんの家で青大将を捕まえてアイスをもらったこと、地元のデパート井野屋の店頭で客寄せのイベントに来た関敬六【※1】さん、八幡宮の縁日、『東映まんがまつり【※2】』で満員だった大宮東映……楽しい町の思い出です。

千林は空襲に遭わなかったので、昔からの街並みとかが残っていて、「へぇー、面白い建物やなぁ」と、そんな古い建物を見て回るんが好きな子供でした。祖母から「こんなことがあってんで」と昔の話を聞くのも好きでした。だからエエ大人になった今でもコレクション展で、年配のお客さんからそんなお話を聞かせてもらえるのは楽しいですね。

【※1】昭和3年3月25日～平成18年8月23日。コメディアン、俳優。渥美清や谷幹一とスリーポケッツを結成、お茶の間の人気者となる。映画『男はつらいよ』シリーズに出演するなど俳優としても活躍。

【※2】東映が春休み、夏休み、冬休みの時期に上映していた子供向け映画。アニメや特撮など数本をまとめて上映していた。

父が営んでいた増田カメラ店（昭和44年頃）

ケベック州館のミス・ホステスと

3歳の頃からお気に入りでした

昭和の街並みに魅了されて

そして小学5年生のとき、『新しい日本・東京』という昭和38年に国際情報社から出版された一冊の写真集に出会います。昭和38年の東京の〝今〟を記録した写真集です。当時の街並み・道具・そして人々の暮らし……、その活気、雑然、そして俗っぽさ……、わずか10年ほど前のものなんですが、今と全然違うなぁ、面白いなぁと夢中になって、飽きもせず眺めていました。

　ちょうどその頃、毎日新聞社からも『一億人の昭和史』という写真集がシリーズで出ていて、そこにも昭和の出来事や暮らしぶりの写真がたくさん載ってたんです。これもホント面白かった。毎月1号ずつ発売されるのですが、好評だったのでしょうね。昭和が終わると次は大正、明治、幕末……それも終わると別冊○○。どこまで続くねんって話ですが、今思うと毎日新聞の思うツボ。一冊1000円で、きっちり付き合わされました。

　それはともかく、子供のときのこれらの本との出会いから昭和30年代の魅力にはまりました。こんな私に誰がした……。まぁ一番のきっかけだったのかもしれません。

この本が
きっかけ！？

【※3】受信確認証。聴取者が番組を受信したことを放送局に報告書を送ると、その証明として放送局が発行するカード。

アイドルよりも昭和歌謡に夢中

中学生になると、私の趣味は順調に加速していきます。その頃、近畿放送ラジオ（現 KBS京都）で、夕方に『上岡龍太郎のナツメロ歌謡曲』という帯番組がありました。余談ですがあの頃の上岡さん、失礼ながら全国区になられる少し前で「芸は一流、人気は二流、ギャラは三流、恵まれない天才」というのがキャッチフレーズでした。

その上岡さんがあの話術で、昭和歌謡やその当時の世相や裏話を紹介してくれるんです。もう面白くないはずがありません。番組を聴くために学校から急いで帰り、せっせと曲をカセットテープに録音しました。ちなみに当時はキャンディーズやピンクレディーなどが大人気。同級生たちはミーちゃんやら、ケイちゃんやらと夢中になって話しているんですけど、何がおもろいんやろ……と、あまり興味は向きませんでした。

初めて自分のお小遣いでレコードを買ったのもその頃です。藤山一郎さんの『夢淡き東京』でした。〜柳青める日、燕が銀座に飛ぶ日、誰を待つ心可愛いガラス窓〜。もうご存知の方も少ないかもしれません。レコード盤は分厚くてスグ割れる78回転のSP盤。もうSP盤なんてとっくに製造中止でしたから、当然中古レコードです。その頃ドーナツ盤が500円だったのに対して2000円です。中学生にはいささかキツイ値段でしたけど、どうしても当時の音で聞いてみたかったんですね。この頃からコレクター的な素地はあったのかもしれません。

男の子というのは大なり小なり、モノを集めるのが好きなようで、あの頃は切手とかベリカード［※3］とかが流行っていました。でも、みんながしているものはオモロナイという天邪鬼のようなところがありました。

夢は牛乳ビン博物館館長？

初めてのコレクションといえるものは、昭和もレトロも関係ない牛乳ビンでした。「なんでそんなモンを？」ですよね。きっかけは些細なことでした。中学1年生の時の担任だった古川先生のご自宅が、京都府城陽市で「古川牧場」という小さな（ゴメンナサイ）牧場兼牛乳屋さんをされていたんです。そこを訪ねたときに「古川牧場」と書かれた牛乳ビンを見て、「うわぁ、明治とか森永と違って見たことないロゴのビンや。珍しいな！」と感動。それからは自転車に乗っては、いろんな牛乳ビンを求めて牛乳屋さん巡りです。その頃の文集には「私の夢は牛乳ビン博物館をつくること」と書いていました。今思ったらケッタイな子供ですわ。

やがて50本くらいになった頃です。集めたビンは家のベランダに並べていたんですが、ある日学校から

【※4】アメリカの占領下にあった昭和22年～27年「Made in Occupied Japan（占領下の日本製）」の印字がつけられていた輸出品のこと。

コレクション第1号
オキュパイドジャパンのデミタスカップ

帰ると牛乳ビンがありません。母に尋ねると「ジャマやから捨てた」の一言。「えっ～なにすんねん！」です。でも、今考えると団地の狭いベランダに50本もの牛乳ビンを並べていたんですから……。たしかにジャマやったやろなぁと思います。

昭和レトロのモノを初めて買ったのは、高校2年生のときです。オキュパイドジャパン【※4】の陶器が愛知県のとある倉庫から大量に見つかり、心斎橋パルコで即売会がありました。今では立派なコレクターアイテムのひとつですが、あの頃はまだそこまでではなかったかもしれません。「へぇ～、そんな頃のモノが残っているんや」。あれこれ眺めて、最終的に買ったのがデミタスカップ。それが、いわば昭和レトロコレクションの第1号です。

＊　＊　＊

まずは前篇、コレクションを始めるに至るあたりまでをお話ししました。お付き合いいただきありがとうございました。今振り返ってもケッタイな子供でした。三つ子の魂百までとかいいます。そのケッタイさが、今もいささか残っているようです。でも、それがおかげさまでこうやって、人さまに喜んでいただけるのですから、いやいや人生わからないものです。

まじめな？
鉄道員時代

なつかしいボンネットタイプの雷鳥と

［※5］105ページで紹介している東芝噴流式洗濯機がそれ。

コレクター本線出発進行

モノを集めるようになったのは、高校を卒業し日本国有鉄道（現　JR）に入社して、多少なりとも給料が入るようになってからです。ただまだ蒐集なんてタイソウなものではなく、当時のモノを身の回りに置いて楽しみたい程度のものでした。

　そして本格的に集めだしたのは国鉄に入り5年ほど、ちょうど国鉄が分割民営化されたあたりでした。神戸の古道具屋さんをのぞくと、そこにあったのが東芝の昭和31年製の噴流式洗濯機［※5］。値段は5万円。その頃、私の給料は10万円ほどでした。でも「昭和30年代の洗濯機がキレイに残っている！」と即、買いました。今もそれに近いものがありますけど、昭和30年代のモノ、とくに家電品なんて、その頃はまぁゴミ扱い。お店のご主人「そんなモン買《こ》うてどないすんねん」……でもご主人、それにしてはずい分高く売っていますが（笑）。

　調べてみると洗濯機にはほかにもいろんな方式がありました。撹拌式を見つけて買いました。その次は渦巻式。「これなんやろ……あっ振動式やんか！　わぁ〜珍しいモンが手に入った。これはビールで祝杯！」。そうなってくると、視野が広がってほかにも欲しいモノがドンドン出てきます。休みになると近くの古道具屋さんへ、昭和30年代のモノを求めて通うようになりました。

「あそこの店やったら売ってるんとちゃうか」、そんな情報を聞いては京都や神戸、果ては東京へも足を延ばすようになりました。いろんなお店の方とも親しくしてもらうようになり、「増田はん、こんなん好きやろ。アンタのためにとっといたで！」と、品物を融通してもらえるようにもなりました。ありがたい話なのですが、時には今ひとつ、いえ今ふたつ気乗りしないものもありました。でもここで断れば次はありません。顔で笑って心で泣いて、ありがたく頂戴した品物も数多くあります。そんな時は帰りの新幹線でのビールの苦かったこと……。

　「あ〜俺はいったい何してるんやろ」。まさしく頭の中が渦巻式洗濯機ってカンジでした!?　そして幸か不幸か彼女にかけるお金が必要なかったこと、ひとり暮らしを始めるに至って誰に遠慮もいらなくなったことで、品物はドンドン増えてゆきました。最初は台所と6畳一間のアパートでした。ほどなくコレクションの置き場に困り、それから1DK、2DKへと引っ越しました。

レトロ家電に囲まれすぎて……

　次の転機は平成14年のことです。高校を卒業して20年間勤めてきたJR西日本を退職しました。そして客として馴染みだった古道具屋さんに入りました。

[※6]　大阪市北区にある「住まい」をテーマにしたミュージアム(148ページ)。

大阪くらしの今昔館で行われた展示会の様子

大阪くらしの今昔館での展示会のチラシ

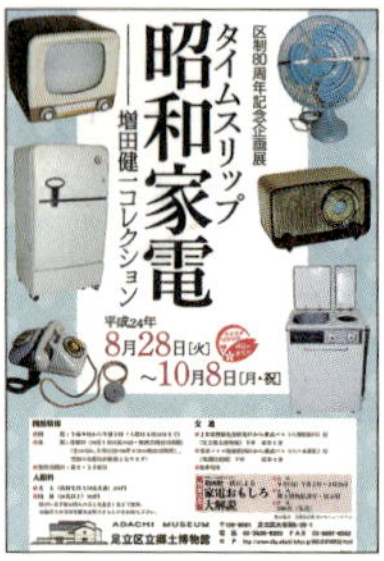

足立区立郷土博物館での展示会のチラシ

　同時にひとり暮らしをやめて、それまでに集めたコレクションと一緒に実家に戻りました。実家の間取りは団地の3K。コレクションを自分の部屋に積み込んでみると、まさしく家電だらけの部屋です。寝るときは縮こまってホント悲惨な状況でした。頭に冷蔵庫、足先に当たるのは洗濯機、顔のそばにはテレビの画面が……。しばらくして体調を崩してしまいました。お医者さんに行くと「それで調子が悪くならないほうがおかしい」と、あきれられました。

　とりあえずモノの置き場所を確保しないと、このままでは大変なことになってしまう。幸いなことにJRを辞めたときの退職金といくばくかの貯金がありましたので、中古の家を買って引っ越しをしました。するとほどなく体調は回復。でも置き場所に余裕ができたのをいいことに、また少しずつモノが増えてゆきました。懲りてませんね(笑)。

　ところで古道具屋での仕事といいますと、コレクターにはお似合いの仕事のように思われるかもしれませんが、これはいささか違いました。

　古道具屋というのは仕入れたいい品物は売らなあかんのですが、私はいい品物は売りたくないんですね。これは失敗でした。ちょっと考えたら分かりそうな話ですわ。皆さんには親切にしてもらいそこそこ順調な3年間でしたが、「私は売る側ではなく、やっぱり買う側の人間なんやなぁ」と、古道具屋をキッパリ辞めることにしました。

見てほしい、笑顔になってほしい

「そんなモン、そないに集めてどうするんや?」

　周りからも、よう言われてました。でも好きで集めていただけだったんで、それをどうこうしたいなんて考えたこともありませんでした。

　それが変わったのが、今から3年前、平成22年に天理大学の博物館であった「南海電車展—ある鉄道コレクターの軌跡」という展覧会を見に行ったことがキッカケです。その鉄道コレクターは僕と同い年の方なのに、2年前に亡くなられたそうです。その時に「あ〜人間いつどうなるかわからへんなぁ。まして私は幸か不幸か独り者。死んだらこのモノはどないなるねん。これは生きているうちに皆さまにいっぺん見ていただこう」という思いが沸き上がってきたのです。

　その年の冬、縁あって「大阪市立住まいのミュージアム(大阪くらしの今昔館)[※6]」でコレクション展を開催してもらえることになりました。館長さんは、「これはすごいコレクションやで!　戦後の生活史にも繋がるもんや」と言ってくれるんです。本人はそこまで思っていなかったのですが、私のコレクションを高く評価してくださいました。

　初めての企画展では多くの方々に来ていただきまし

レトロ家電を使って調理したモーニングを召しあがれ

た。「懐かしくて涙が出るわ」と年配の方、また「何これ〜カワイイ！」と、若い人が楽しそうに見てくれました。展示会を開いてホンマによかったと思いました。いつもは「床が抜ける！」「ジャマ！」と言われていたモノたちが……。こちらまでほんとに嬉しくなりました。ちょっと自慢になりますが、同館で開いた企画展で過去最高の来場者数も記録したそうです。

その後も東京、再び大阪と展示会を開催していただきましたが、どこも皆さんが私のコレクションを喜んで見てくださるんです。まぁ私が普通に生きていて、こんなに人さまに喜んでもらったことってないですもん。少しエエかっこ言わせてもらうなら、もっと展示会をやって、もっと全国の皆さんに笑顔になってもらえたらなぁと思うようになりました。

またコレクション展に来たり、この本を読んでくれた子どもたちの中から、ひとつひとつのモノにまつわる物語や、昔のことを調べるのって楽しいなぁと思える人が、ひとりでも出てくれたら嬉しいですわ。またオモチャでも、牛乳ビンでも、まぁモノは何でもいいんですけど、モノを集める楽しさに目覚める人も出てきてほしいです。でも、レトロ家電のコレクションだけはやってもろたら困りますけどね（笑）

テレビCM第1号は
民放第1号の放送トラブルだった

（写真提供：セイコーウオッチ）

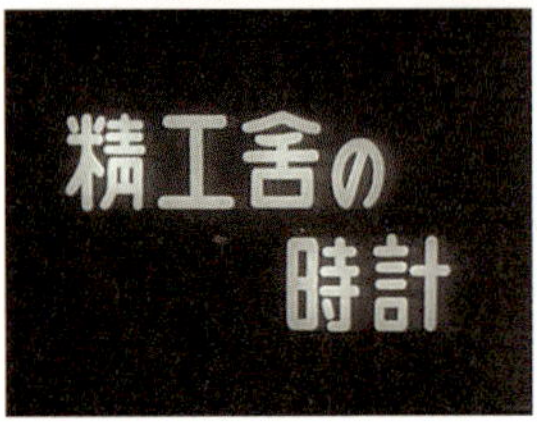

昭和28年8月28日、日本最初の民放テレビの日本テレビ放送網が本放送を開始しました。ＮＨＫと民放の違いといえばCM。日本のテレビCM第1号は開局当日、正午の精工舎（現 セイコークロック）の時報でした。担当者は従来のNHKの時報とは違ったものを出そうと工夫を重ねたそうです。

ところが、そのCMは「フィルムが（裏表）逆にかかってあわててフィルムを中止した事があった。日本テレビ開局第一号の事故で……」（『月刊・日本テレビ』開局10周年号 昭和38年8月）と、フィルムを逆にセットしてしまい音が出ないということに。CM第1号はそのまま開局第1号の事故にもなってしまいました。このCMフィルムは散逸してしまい現在は行方不明とか。

現存する最古とされているCMフィルムは、その日の午後7時の精工舎の時報CM。ニワトリが目覚まし時計に歩いてきてゼンマイを巻いて……というアニメーションを使ったものでした。これに登場するのがこのふたつの時計。いずれも「コメット」というシリーズで発売された目覚まし時計です。どちらもモノクロ画面で色がわかりませんでしたが、こんなにかわいい色をしていたのですね。

ちなみにラジオ東京テレビ（現 TBS）も開局当日、最初の時報CMはフィルムを逆回転させて、画面では時計の針が逆方向に動いてしまう事故になったそうです。

目覚まし時計「コメットフラワー」
381／昭和27年／価格不明

目覚まし時計「コメット」
253／昭和27年／価格不明

現存するものとしてはもっとも古いコマーシャルフィルム（精工舎の時計）　（写真提供：セイコーウオッチ）

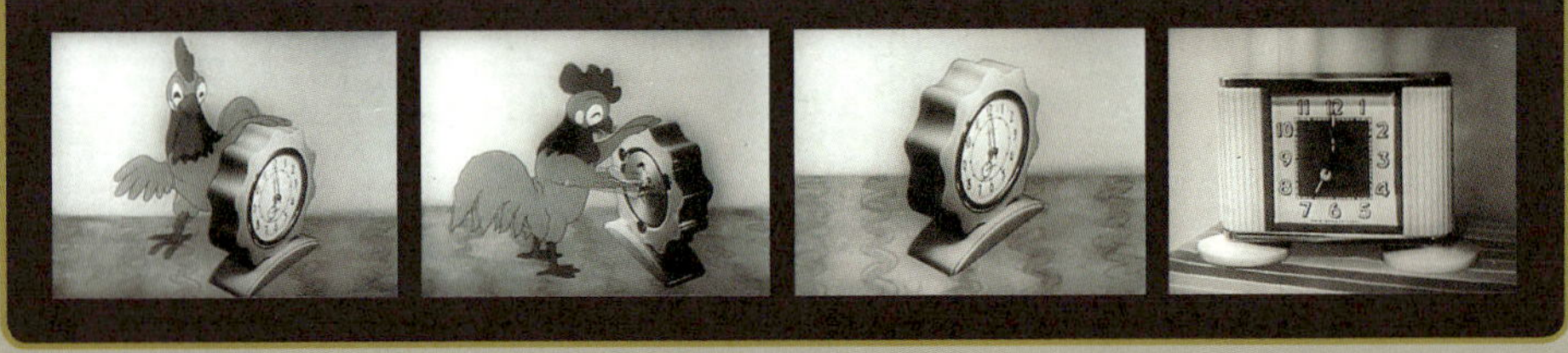

第2章

コレ、昔ウチにもあった!

昭和の家庭を彩った「お茶の間家電」博物館へいらっしゃい

松下（現 パナソニック）
14 型テレビ
T14-R1P ／ 昭和 35 年 ／ 58,000 円

マスダコレクション 01 マス―コレ テレビ

茶の間の主役がやってきた

昭和28年、NHKと日本テレビがテレビ本放送を開始。しかし、当時のテレビ受像機は非常に高価。高卒の国家公務員初任給が5400円の時代に20万円前後、約3年分です……。しかしメーカーの努力で価格も徐々に安くなり、まずは「1インチ1万円」に。

受信契約数も当初わずかに866件だったのが、昭和33年には100万件、翌34年には「皇太子殿下のご成婚をテレビで見よう」と200万件、そして37年には1000万件と驚異的なペースで普及していきました。

テレビが一家の中心。床の間に置かれるテレビ、そして見るときには、一家みんなの注視の中、劇場の緞帳《どんちょう》よろしく、織布のテレビカバーをウヤウヤしく引き上げます。『バス通り裏』『日真名氏飛び出す』『てなもんや三度笠』『シャボン玉ホリデー』……。電気紙芝居……いえいえ庶民のあこがれ、夢の玉手箱でした。

初めてテレビが来た日。嬉しくって学校から帰ってきて制服のままテレビの前で記念写真を撮りました（昭和32年頃　大阪・西島桂子さん）

日本教育テレビ（現 テレビ朝日）の開局告知ポスター

テレビ 年表

昭和	月	出来事
14	5	初のテレビ公開実験（NHK技研）
28	2	NHK東京テレビ局が本放送開始（テレビ受信契約数866件　受信料月額200円）
	8	日本テレビが民放初のテレビ局として本放送開始
	12	『紅白歌合戦』がテレビで初放送
30	4	ラジオ東京テレビ（現 TBS）が開局。
31	4	『ナショナル劇場※』（ラジオ東京テレビ）が放送開始
	12	『東芝日曜劇場』（ラジオ東京テレビ）が放送開始
32	11	『きょうの料理』（NHK）が放送開始
33	5	テレビ受信契約数が100万件突破
	12	東京タワーが完成
34	4	NHK東京教育テレビ（1月）、日本教育テレビ（現テレビ朝日）（2月）、フジテレビ（3月）が本放送開始 皇太子殿下（今上天皇）と正田美智子さんの結婚式を中継（テレビ受信契約者数200万件突破）
35	9	カラーテレビ本放送開始
37	3	テレビ受信契約数が1000万件突破
38	1	国産初の連続テレビアニメ『鉄腕アトム』（フジテレビ）が放送開始
	11	日米間のテレビ宇宙中継に成功、ケネディ大統領の暗殺を速報
	12	第14回紅白歌合戦が視聴率81・4％を記録（機械調査では歴代最高）
39	10	東京オリンピック開催　開会式はじめ各競技を初の宇宙中継。「テレビオリンピック」と呼ばれる。

※スタート時は『ナショナルゴールデン・アワー』

日立

14 吋《インチ》テレビ

FMY-480 ／ 昭和 32 年 ／ 74,000 円

八欧（現 富士通ゼネラル）

14 吋テレビ

14T-930 ／ 昭和 31 年 ／ 79,800 円

八欧電機から昭和 31 年末に発売された 14 吋テレビです。シンプルでかわいいデザインです。当時、各メーカーは広告に専属タレントを起用していました。八欧電機はミスター・ゼネラルとして力道山さんを起用していました。でもほぼ同じ時期に、松下電工のモデルも力道山さんでした。いいのかなぁ～。

早川（現 シャープ）
14 吋押ボタン式テレビ「プロシオン」
TB-50 ／ 昭和 32 年 ／ 73,000 円

世界初の押しボタン式チャンネル切替装置。取扱説明書には「世界で初めて完成された押ボタン式テレビで、選局は指先一つで簡単にしかも早く行うことができます。押したボタンはチャンネル番号とともに明るく輝きだし暗い所でも又離れた所からでも受像チャンネルを知ることができます」とありました。従来のガチャガチャとツマミを回して選局するテレビだと、磨耗してきて、ツマミがポロっとはずれたり空回りしたり、ひどいときにはテレビ本体からの心棒を直接ペンチで回して選局したり……。多くの方々が経験したのではないでしょうか。

NEC
14 吋テレビ
14T-130G ／ 昭和 30 年代 ／ 価格不明

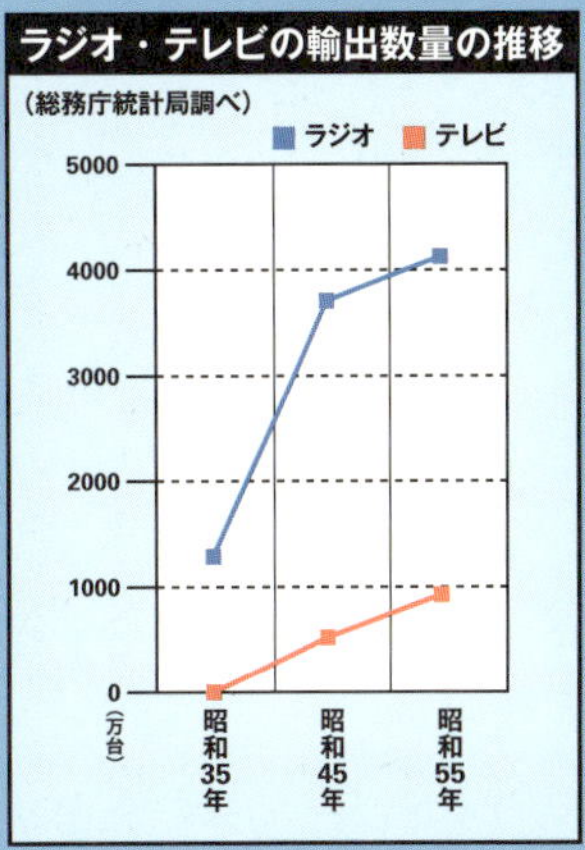

NEC
脚付き 14 吋テレビ
14T-507 ／ 昭和 34 年頃 ／ 73,000 円

マスダコレクション 01

マス—コレ

テレビ

松下（現 パナソニック）
14吋《インチ》フィリップステレビ

TX-1421A ／ 昭和 28 年 ／ 175,000 円

テレビ本放送が始まった昭和 28 年に売り出されたこのテレビ。松下電器なのになぜフィリップス……？　初期の一時期、子会社の松下貿易が、当時、技術提携をしていたオランダのフィリップス社からテレビを輸入し、松下電器からフィリップステレビの名称で販売していたことがありました。

珍品さん

いらっしゃい！

アサヒ産業
ワイドカラースコープ

昭和 30 年代 ／ 3,400 円

昭和 35 年、東京と大阪でカラーの本放送が始まりました。しかし、その頃のカラーテレビは非常に高価で、一般家庭ではまず買うことはできませんでした。そこで登場したのが、このボードを画面の前に置くと白黒テレビがカラーテレビになるような触れ込みの、その名も「すばらしいカラーの世界　ワイドカラースコープ」。説明書の効能書きもこれまた怪しい限り。「目の視覚を保護し絶対に目が疲れない」「肩こり、神経痛、不眠を予防す」。この製品でカラーテレビになると信じて買った人はいるのでしょうか。今なら間違いなく問題になりそうです……。いやいや大らかな時代だったのですね。

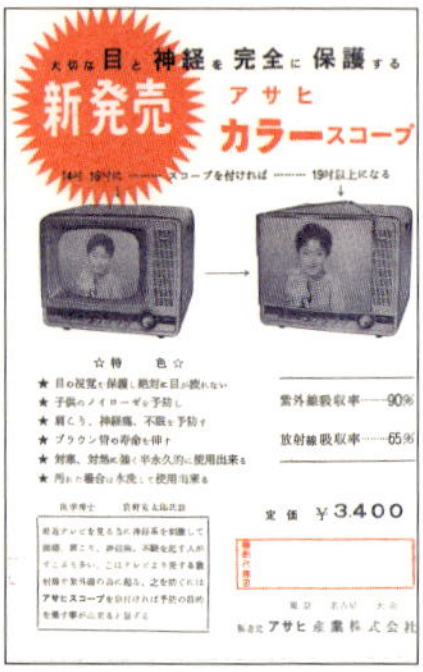

ワイドカラースコープを使って白黒テレビは、はたして「すばらしいカラーの世界」となったのでしょうか？　結果はご覧のとおり。ただ 3 色の帯が不自然についただけでした。

カラーテレビは東京五輪で普及した……？

映画『東京オリンピック』パンフレット

昭和39年、東京オリンピックが開催。家電メーカーは「オリンピックをカラーで見よう」とキャンペーンを行いました。「東京オリンピックでカラーテレビは大きく普及した！」とは、よく聞くお話です。しかしこれは少々マユツバのようです。当時のNHKオリンピック番組表によると、たとえば大会5日目、10月14日のカラー中継はレスリングの55分間のみで、あとは白黒でした。ちなみに経済企画庁（現 内閣府）の調査によると、2年後の昭和41年ですら普及率は白黒テレビの94.4%に対し、カラーテレビはわずか0.3%。実際にはカラーテレビは“大きく”どころか、むしろほとんど普及していません。

たしかに開会式はカラーで中継されました。行進する日本選手の鮮やかな赤いブレザー。青い空にブルーインパルスの五輪のスモーク……。後日、懐かしの映像などで放送され、これが人々の記憶に強く残って「東京オリンピックでカラーテレビは大きく普及した！」との都市伝説になったのかもしれませんね。

家電メーカーはカラーテレビの普及を目指し、大イベントに合わせキャンペーンを続けました。昭和43年のメキシコオリンピック、昭和44年のアポロ11号の月面着陸、昭和47年の札幌オリンピック……。そして翌48年に、白黒テレビの普及率が65.4%に対しカラーテレビが75.8%と逆転。家電メーカーの長年のキャンペーンがようやく実を結んだのでした。

白黒テレビとカラーテレビの普及率の変化 （内閣府「消費動向調査」）

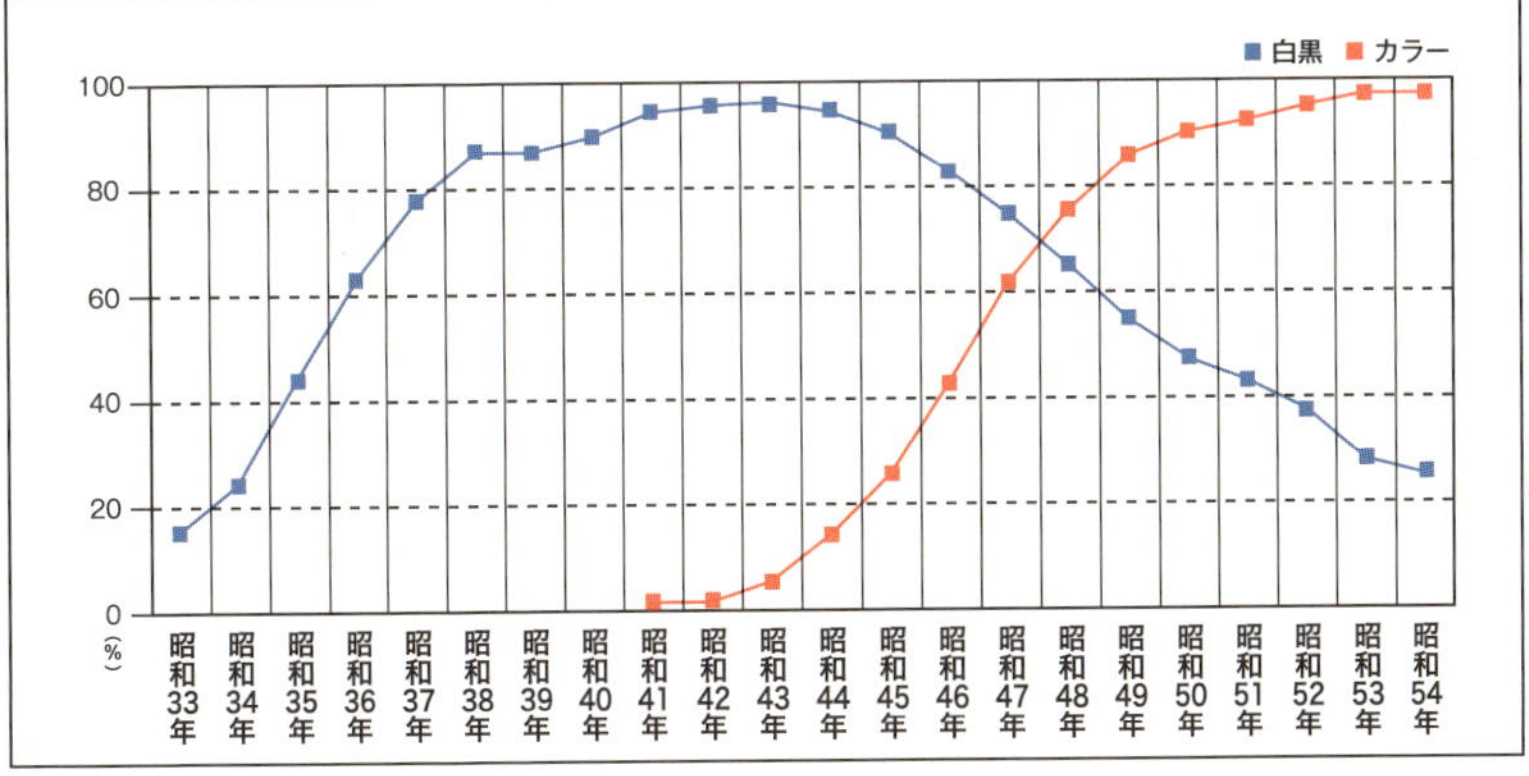

東芝

真空管ラジオ「かなりやKS」

5YC-491 ／ 昭和35年 ／ 5,200円

マスダコレクション

02

マス―コレ

ラジオ

テレビ開局前夜はラジオの黄金時代

昭和26年9月1日、それまでNHKしかなかったラジオ放送でしたが、初の民間放送として、名古屋の中部日本放送と大阪の新日本放送（現 毎日放送）が開局しました。

先行のNHK、そしてこのあと次々に開局した民放から楽しい番組が数多く放送されました。テレビがないのですから、番組は多種多様でニュースはもとより、ラジオドラマ、クイズ、歌番組などさまざまな娯楽番組がありました。

テレビ放送が始まったあともしばらくは「生活に潤いと楽しさを添える、すばらしいラジオ」（昭和29年　松下電器）と、多くの家庭にとって茶の間の主役はラジオでした。『三つの歌』『君の名は』『金の歌・銀の歌』『夫婦善哉』『赤胴鈴之助』……。テレビが本格的に普及するまでの短い間ではありましたが、ラジオの黄金時代がやって来ました。

東芝
真空管ラジオ「かなりやF」
5LC-74 ／ 昭和 31 年 ／ 6,500 円

松下（現 パナソニック）
真空管ラジオ「ダーリンスーパー」
DL-380 ／ 昭和 29 年 ／ 7,500 円

ラジオ 年表

年	月	出来事
大正 14	3	東京放送局（現 NHK） ラジオ仮放送開始。聴取契約数3500件
昭和 6	4	NHKラジオ第二放送開始
7	2	ラジオ聴取契約数100万件突破
26	1	『NHK紅白歌合戦』（第3回までは正月番組）が放送開始
	5	現在の『ラジオ体操』（ラジオ体操第一）が放送開始。翌27年には『ラジオ体操第二』の放送も開始
	9	初の民間放送の中部日本放送、新日本放送（現 毎日放送）が開局
27	4	『君の名は』（NHK）が放送開始。「番組が始まると女湯がカラになる」といわれるほど人気を博す
	8	ラジオ受信契約数が1000万件を突破
29	8	日本短波放送（現 ラジオNIKKEI）が開局
	11	NHKラジオ第一と第二のAM2波を使ってのステレオ放送『立体音楽堂』の放送開始
30		国産初のトランジスタラジオ発売
31	5	日本短波放送で初の本格的なナイター中継『プロ野球ナイトゲーム中継』が放送開始
32	12	NHK東京FM　実験放送を開始
33	11	NHKラジオ受信契約数1481万件で放送以来最高（普及率82・5％）となる
34	4	皇太子殿下（今上天皇）と正田美智子さんの結婚式中継を期にテレビの普及が進み、ラジオ人気が下がり始める

松下（現 パナソニック）
真空管ラジオ「プラスチックスーパー」
CX- 430 ／ 昭和 30 年 ／ 6,300 円

松下（現 パナソニック）
ラジオグラフ
EQ-896 ／ 昭和 33 年 ／ 19,800 円

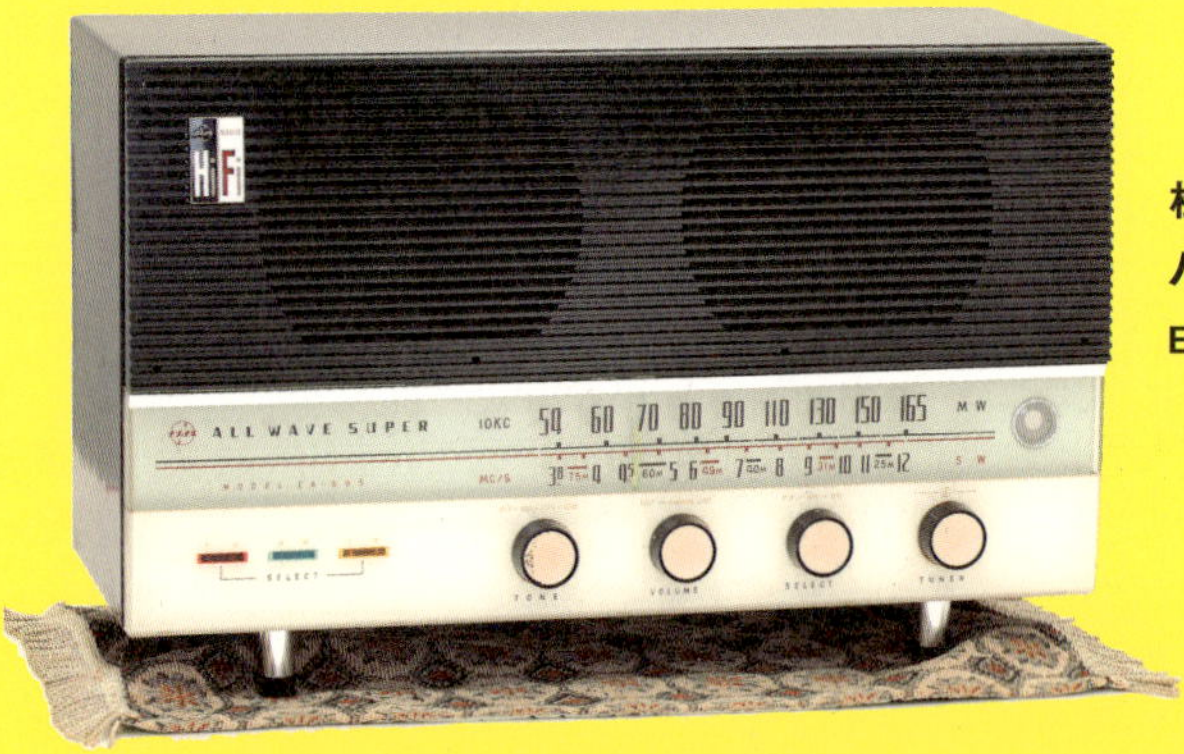

松下（現 パナソニック）
ハイファイラジオ
EA-685 ／ 昭和 33 年 ／ 14,900 円

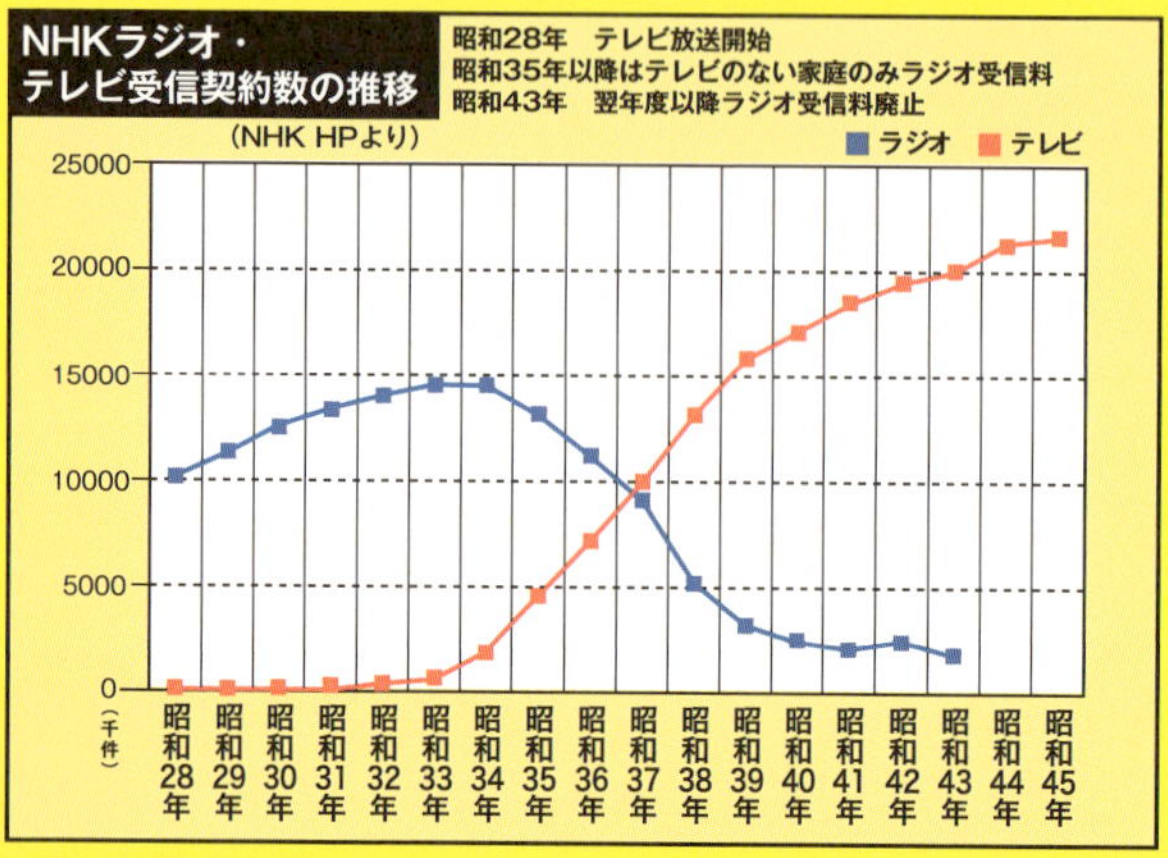

東芝
トランジスタラジオ
7TP-382S ／ 昭和 35 年 ／ 9,900 円

2つの電波でステレオ放送

「ビクター HiFi ステレオ オーディオラ」。なんともご立派な名前ですが早い話がステレオです。このステレオ、ラジオもついているのですが、右と左に各々 AM ラジオがあるのがおわかりになるでしょうか。昭和 30 年代、AM ラジオ 2 波を使ってのステレオ放送がされていました。これはそれを聴くことができるようにされているものです。NHK ならラジオ第一放送と第二放送を使った『立体音楽堂』がありました。

また民放では、ステレオセットの宣伝を目的に家電メーカーがスポンサーとなり、朝日放送と毎日放送を使った『ナショナル ステレオアワー』が昭和 34 年にスタート。まず番組の冒頭で「2 台のラジオをご用意ください。左側のラジオは 1010Kc の朝日放送に、右側のラジオは 1210Kc の毎日放送に合わせてください。そして私の声がちょうどふたつのラジオの真ん中から聞こえるよう音量を調整ください」。こんな面倒なセッティングをしてまで聴いてくれる人はいるのか……との不安をよそに番組は好評を博しました。この番組は翌年の電通広告賞も受賞しました。ほかにも関西地区では『パイオニアイブニングステレオ』『日立ステレオコンサート』『これがステレオだ（三菱電機提供）』『山水ステレオプレゼント』などが放送されました。ただ FM ステレオ放送が実用化され、ステレオレコードが普及するにいたり、昭和 40 年頃には、この AM2 波を使ったステレオ放送は姿を消しました。

ビクター
HiFi ステレオ オーディオラ
STL-34 ／ 昭和 35 年 ／ 39,800円

早川（現 シャープ）
卓上扇風機
EF-31 ／ 昭和31年 ／ 9,950円

マスダコレクション 03 マスコレ

扇風機・暖房器具

蒸し暑い夏、寒い冬こそ家電メーカーの力の見せどころ

ルームクーラーが超高嶺の花で、まだまだ庶民の手に届かなかった昭和30年代。扇風機は品切れになるくらい、飛ぶように売れていました。右のような一般的な卓上扇風機で1万円～1万5000円。この扇風機の発売された昭和31年の高卒の国家公務員初任給は5900円でしたから、決して手軽に買えるものではなかったはずです。今ならさしずめ高級なエアコンのような感覚でしょうか。

「風速3メートル　屋根の下の軽井沢」（昭和33年　東芝）。「扇風機から静かに流れ出る涼風は〝居ながらの避暑〟の感を深くします」（『家庭電化の栞』家庭電気文化会　昭和31年）。いささかタイソウな宣伝文句ですが、暑い夏、庶民にとって扇風機はそれだけありがたい存在だったのでしょうね。

クーラーの普及率が50％を超えるのは昭和60年。扇風機で過ごす夏は長く続きました。

[写真上] この頃、各メーカーは夏の商戦前に大々的な扇風機の展示会を開催するのが恒例でした（写真提供：河野基子さん）

[写真右] 今回インタビュー（P.142）をお願いした柳本さんも扇風機の前でパチリ。なかなかの男前ですね

扇風機　年表

年	出来事
大正7	国産扇風機の量産が始まる
昭和22	それまで黒一色だった扇風機に若葉色などが採用され、カラー化が始まる
27	扇風機の羽根にプラスチックが採用される 空気調整機（ルームクーラー）の本格的な量産と販売が開始される
30	電気毛布が発売される
31	スリッパ型足温器が発売される
32	扇風機を台上に置く必要のない、高さを調整できるお座敷扇風機が発売される やぐら式こたつが初めて発売される
33	ルームクーラーに名称を統一 石英管ヒーターの電気ストーブ登場
35	扇風機 透明羽根の開発で一段と涼感 赤外線ランプ式こたつ登場
36	扇風機の需要高まる。生産台数は前年比60％増
39	電気カーペットが発売される
40	扇風機の国内普及率が50％を超える 分解梱包式扇風機の登場。ガード、スタンドを分解して梱包することで保管スペースの節約に ルームクーラーからルームエアコンに名称を変更
45	おやすみタイマーのついた扇風機が発売される

（参照：家庭電気機器変遷史および家庭電気文化会HPほか）

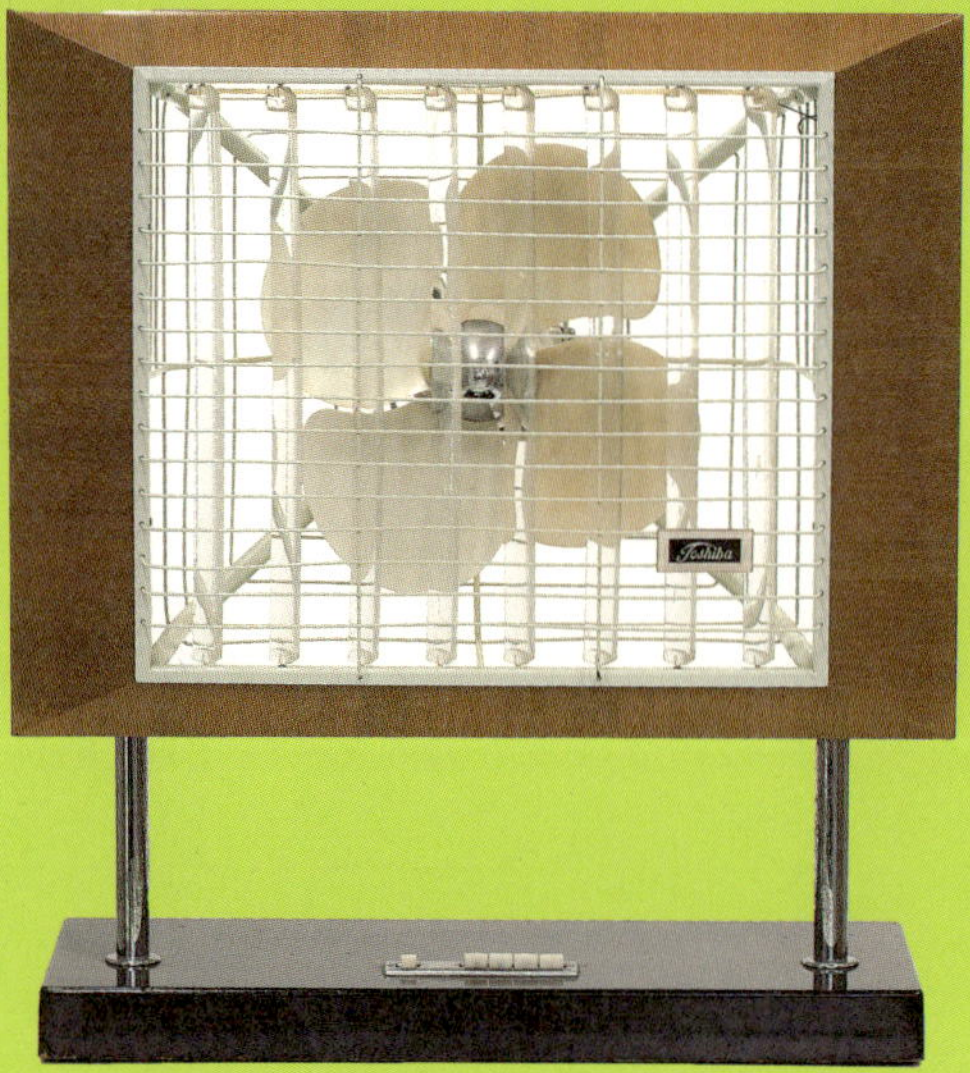

東芝

和風扇

HO-30A ／ 昭和 37 年 ／ 19,000 円

東芝

卓上扇風機「夕顔」

LP ／ 昭和 35 年 ／ 13,400 円

常夜灯がムーディーなというか怪しげな雰囲気をかもし出します。卓上扇ではこれが最高級品です。当時の東芝扇風機には、花の名前がつけられていました。たんぽぽ、おみなえし、百日草、ふうりん草……、この年、「夕顔」も入れ 23 種もありました。今では扇風機も、ともすれば「広告の品 1980 円」と安売りの対象ですが、この頃はひとつひとつに名前をつけ大切にされていたのですね。

扇風機・クーラーの普及率の推移

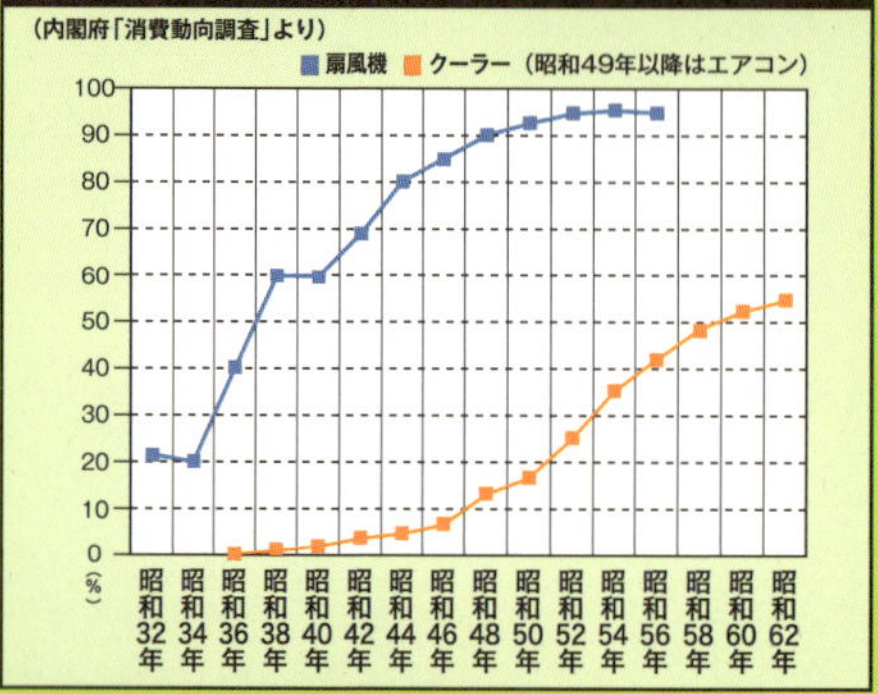

※昭和38年以前は人口5万人以上の都市のみが対象
※昭和 34 年までの扇風機は換気扇を含む

東芝

数寄屋扇（丸型）

C-4754 ／ 昭和27年 ／ 9,100円

この扇風機は周囲360°に風が来ます。アメリカでの同様の製品（Hassock fan）をヒントにしました。セールスポイントは「風が天板に当たってから来るので自然な爽風」。また夏以外も小机として年中使える。「麻雀テーブルの下、料飲店の座卓の下には絶好なものである。本夏は数寄屋扇を登場させて又又（またまた）業界をアッと言わせている」（『東芝レビュー』昭和27年8月）。たしかに斬新なアイデアですが、一般的な扇風機すら普及していない当時、時期尚早だったみたいです。業界はともかく消費者はアッと言わなかったようです。

三菱

8吋《インチ》ロマンスファン

P-8AB ／ 昭和32年 ／ 7,500円

若い……まぁ若くなくてもいいんですが、男女がこの小さな三菱扇風機に肩寄せ合い、涼やかな風に当たっていると「ロマンス」のひとつも生まれるというカンジなのでしょうか。このロマンス扇、熱帯魚を描いて涼しさを演出したエンブレム、凝ったデザインの前面のガード、羽根も鉄から、出始めで最先端だった涼やかな雰囲気のプラスチックへ。メーカーが丁寧に工夫を凝らして作ったのが感じられます。そりゃ「ロマンス」のひとつも生まれようか……という夢を託したくなるのもわかります。

東芝

冷風換気扇

CVF-1 ／ 昭和35年 ／ 16,000円

換気扇とありますが、台所にあるアレとは少し違います。仕組みは本体下部のタンクから水を汲みあげ上からフィルターへ滴下させ、そこへ吸い込んだ風を当てる――気化熱を利用し冷たい空気を送ります。そうです！　今も売られている冷風扇です。

昔から日本で暖房器具といえば、火鉢やあんか、こたつといった体や部屋の一部を暖める「採暖」と呼ばれるものが主でした。電化暖房器具もやはり従来のものを電熱で置き換えたもので、電気火鉢、電気あんか、電気こたつなど、採暖するものがほとんどでした。そんななか、各メーカーは工夫を凝らし電気座布団、電気足温器、電気ズボンなど小物ならではのさまざまな独自の製品を世に送り出しました。やがてアルミサッシの登場など住宅の気密性が向上するとともに採暖から部屋全体を暖める「暖房」も登場。今のようにエアコンや床暖房、ファンヒーターなどが主流となってきました。

ほっこり暖まる電気ストーブのチラシ

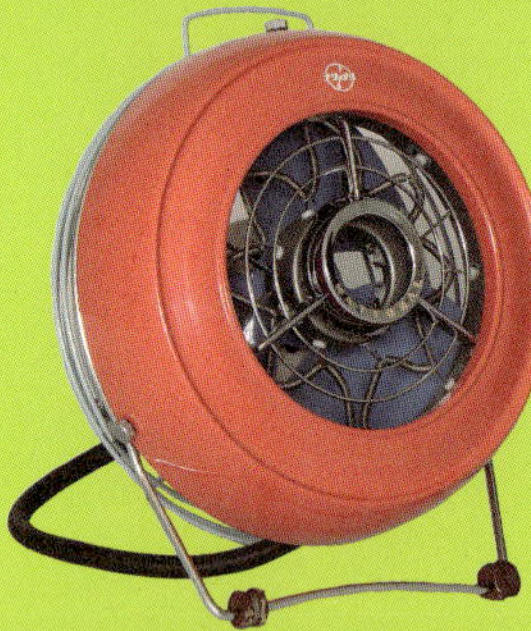
松下（現 パナソニック）
温風機（丸型）
DS-13 ／ 昭和34年 ／ 10,000円

東芝
首振り電気ストーブ
SRS-82 ／ 昭和34年 ／ 5,950円

東芝
電気こたつ（置こたつ用）
KRK-31 ／ 昭和33年 ／ 1,690円

富士電機

電気ストーブ

S-603 ／ 昭和32年 ／ 4,000円

東芝

電気こたつ　やぐら付

KYA-41 ／ 昭和32年 ／ 3,800円

今でも冬の茶の間で人気の電気やぐらこたつ。その第1号が昭和32年に発売されたこの東芝製品です。旧来のこたつは、熱源がやぐらの下にありました。それを上部にもってくるという発想の逆転。それにより足が伸ばせる！ コタツの上に台を置けば、そこでご飯が食べられる！ と大ヒット商品となりました。実は東芝の製品化以前に、戦後間もなく、F電機がこの方式で実用新案を取っていたそうですが、製品化には至りませんでした。残念！　逃がした魚は大きかった。

東芝

電気あんか

AWK-61 ／ 昭和33年 ／ 1,550円

家庭用熱エネルギーの総需要量

出典／「暖房炭増収策の一例」四方一郎（『選炭』1965年6月号）より
（7000cal／kgの石炭に換算）

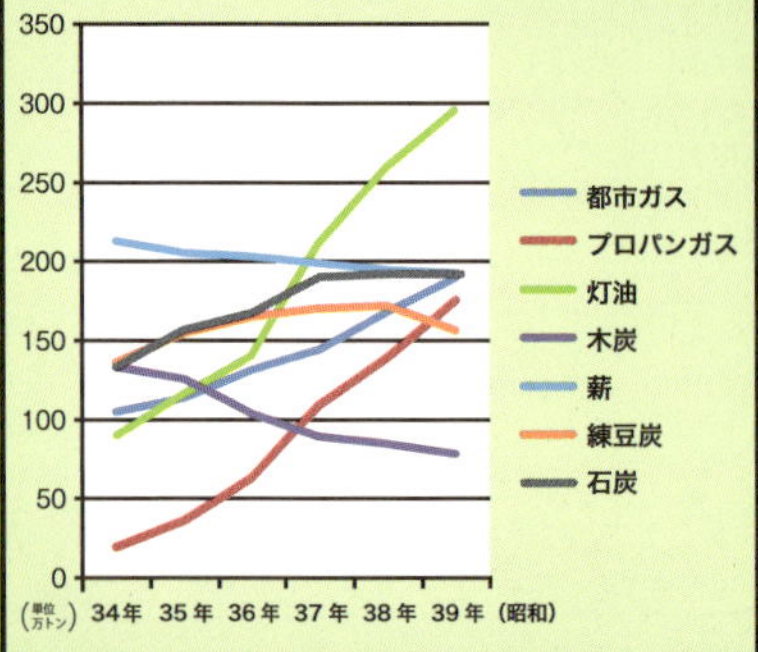

三菱

就寝用赤外線こたつ

KH-104 ／ 昭和45年 ／ 3,300円

第3章

レトロなだけじゃない

かわいくて手元に置きたくなる
昭和30年代
「デザイン家電」ワールド

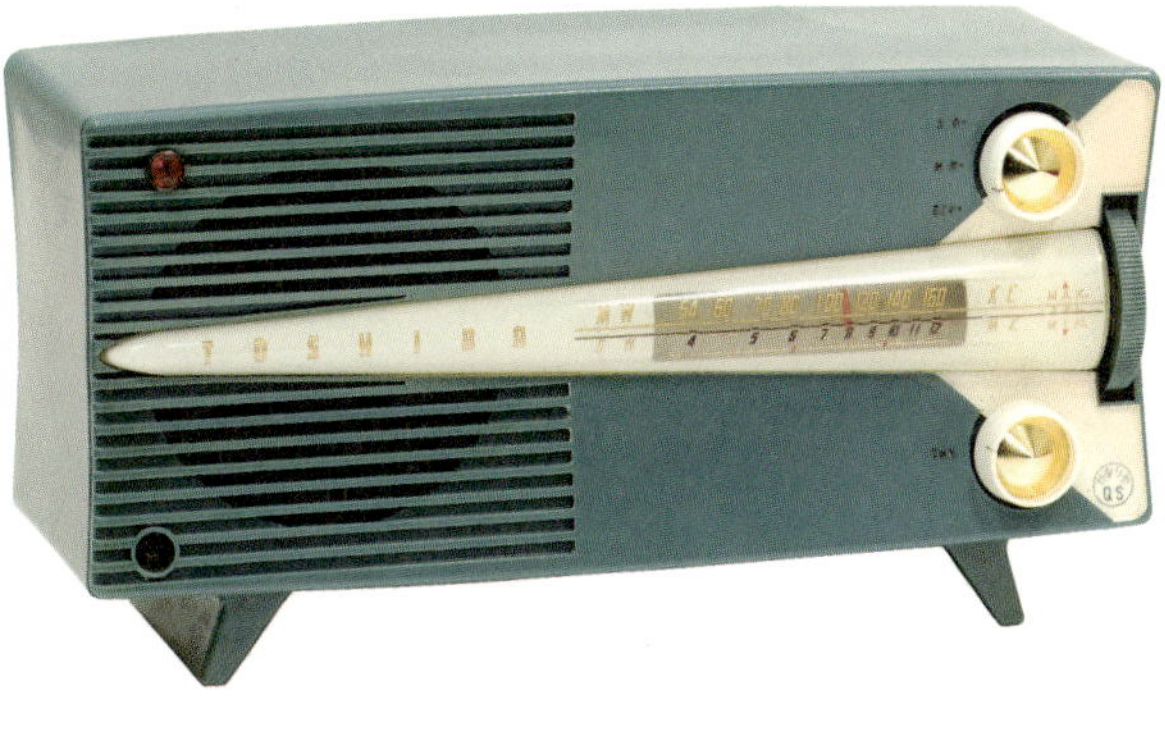

写真は 8-301（昭和 35 年）の翌年に発売された 8-301J。世界の放送規格の違いにより、J は日本国内向け、また米国やカナダ向けの W、欧州向けの E などがありました。

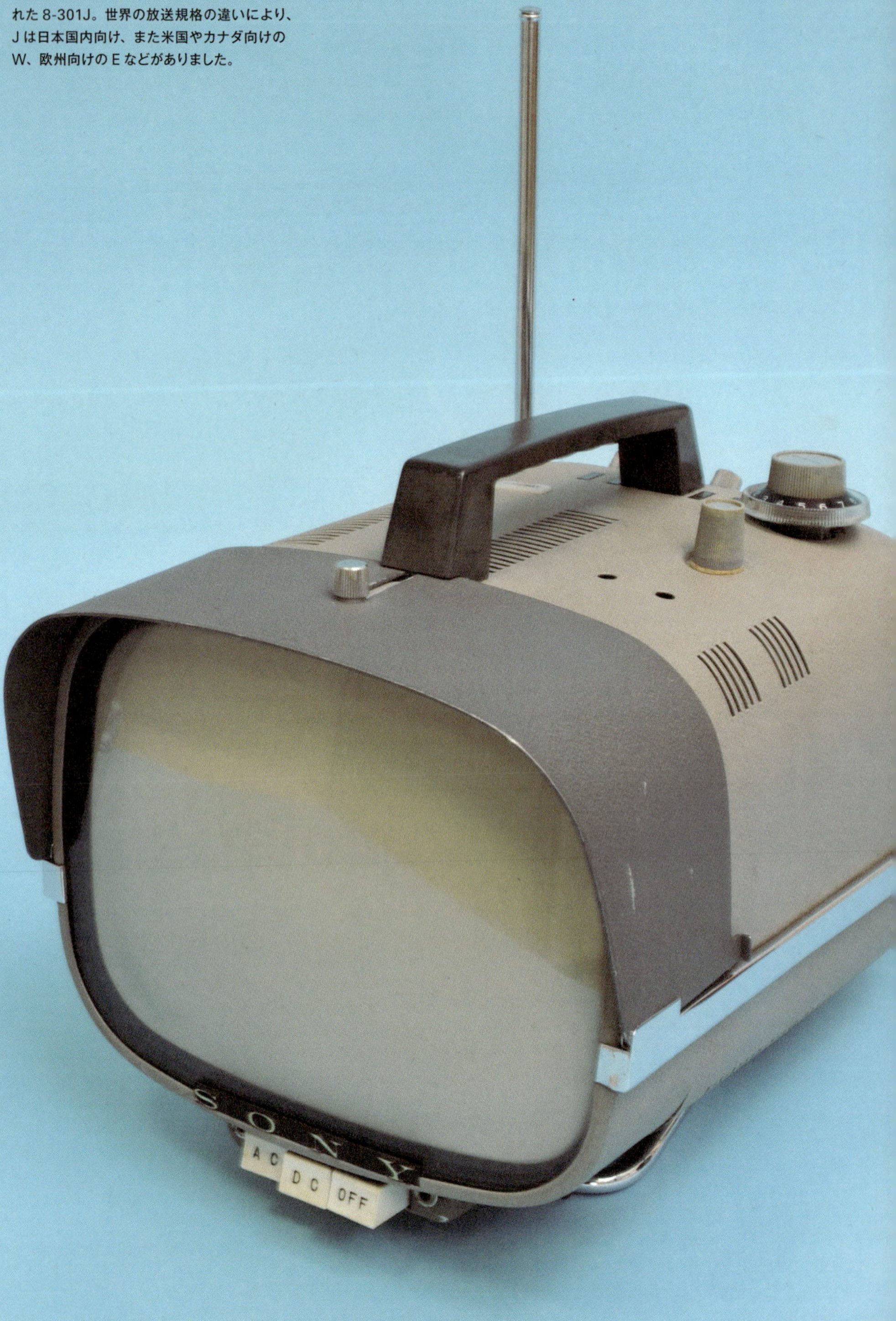

8吋《インチ》トランジスタテレビ

型番：8-301J　|　昭和36年　|　価格：69,800円

「いちばん軽い　いちばん小さい」いつでもどこでも「一人一台」時代のさきがけ

電源が家庭のコンセントかバッテリーかでスイッチを使い分けた

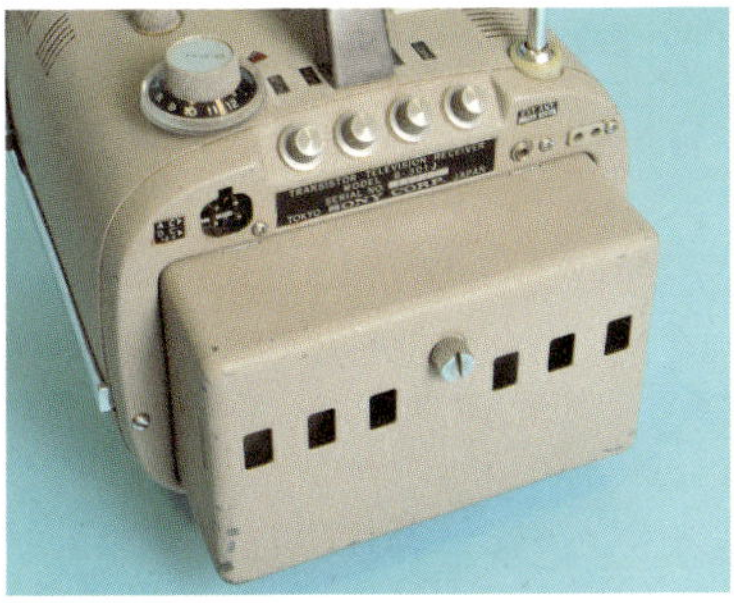

背面にバッテリー収納部がある（取り外し可能）

NHKのテレビ受信契約数が500万件を超え、カラーテレビの本放送が始まった昭和35年。ソニーから（直視型では）世界初のトランジスタテレビが発売されました。それまでの重くて大きい真空管のテレビとは異なり、小型（8インチ）で軽い（本体6kg）とあって持ち運びができました。カタログには「外出にもラジオと同じように、テレビもいよいよ携帯時代です……」と高らかに書かれていました。専用の電池を利用すれば屋外でも使え、また別売のコードを使うと、自動車のシガーソケットから電源をとることも。この時代に至れり尽くせりの機能です！　ただ実際には一般のテレビが買えるくらい高額だったことや、故障もあったりで、「金持ちか、よほどの物好きしか買ってはくれなかった」（ソニーHP『Sony History』より）とのことでした。

※この経験を活かして、次に開発された「マイクロテレビ・5-303」（昭和37年）は大変な評判となりました

マツダ球型ラジオ「マーキュリー」

型番：5LE-92 | 昭和 31 年 | 価格：9,700 円

耳も目も楽しませてくれる独創的なスタイル

かわいい形というか不思議な形というか……。東芝の球型ラジオ、その名も「マーキュリー」。かわいいラジオなのですが、この頃、東芝で一番安価なラジオが 6500 円だったときに、この「マーキュリー」は 9700 円とかなり割高。このラジオを買った人はかなりの粋人とお見受けしました。当時のカタログには「ラジオ界に革命をもたらす　わが国で初めての球型ラジオ“マーキュリー”　特許による新音響効果を誇る 5 球スーパー」とありました。この頃の広告のコピーには、革命をもたらす……、わが国初めて……、世界唯一の新機構……とか、いささかタイソウな文言が並びます。まぁそれが勢いがあって面白いところでもありますが。
このラジオ、セールスマンカタログには昭和 31 年に初めて登場。しかし翌年の 10 月にはカタログから姿を消しました。東芝のラジオ界への革命はどうやら失敗に終わったみたいです……。

東芝

壁掛けラジオ

型番：7TH-425 | 昭和35年 | 価格：13,000円

私の部屋に初めて入った人は、これを見て必ず尋ねました。「これ何……？」。この不思議なラジオを的確に表現する言葉を私は持ち合わせていません。当時のカタログの文章をそのまま引用します。「新しい壁掛けラジオです。壁面の装飾ともなり客間、茶の間、寝室を始め一般事務所にとって最適のラジオです。音が放射状に広がって出るので、部屋のどこにいても豊かな音でラジオが楽しめます。直径290×厚さ100mm」。ちなみに価格は1万3000円。当時、高卒の国家公務員初任給は7400円。なんともゴージャスなラジオです。

松下（現 パナソニック）
ルームラジオ

型番：CX-465　　昭和30年頃　　価格不明

モダンなアートで着飾った
インテリアにもなるラジオ

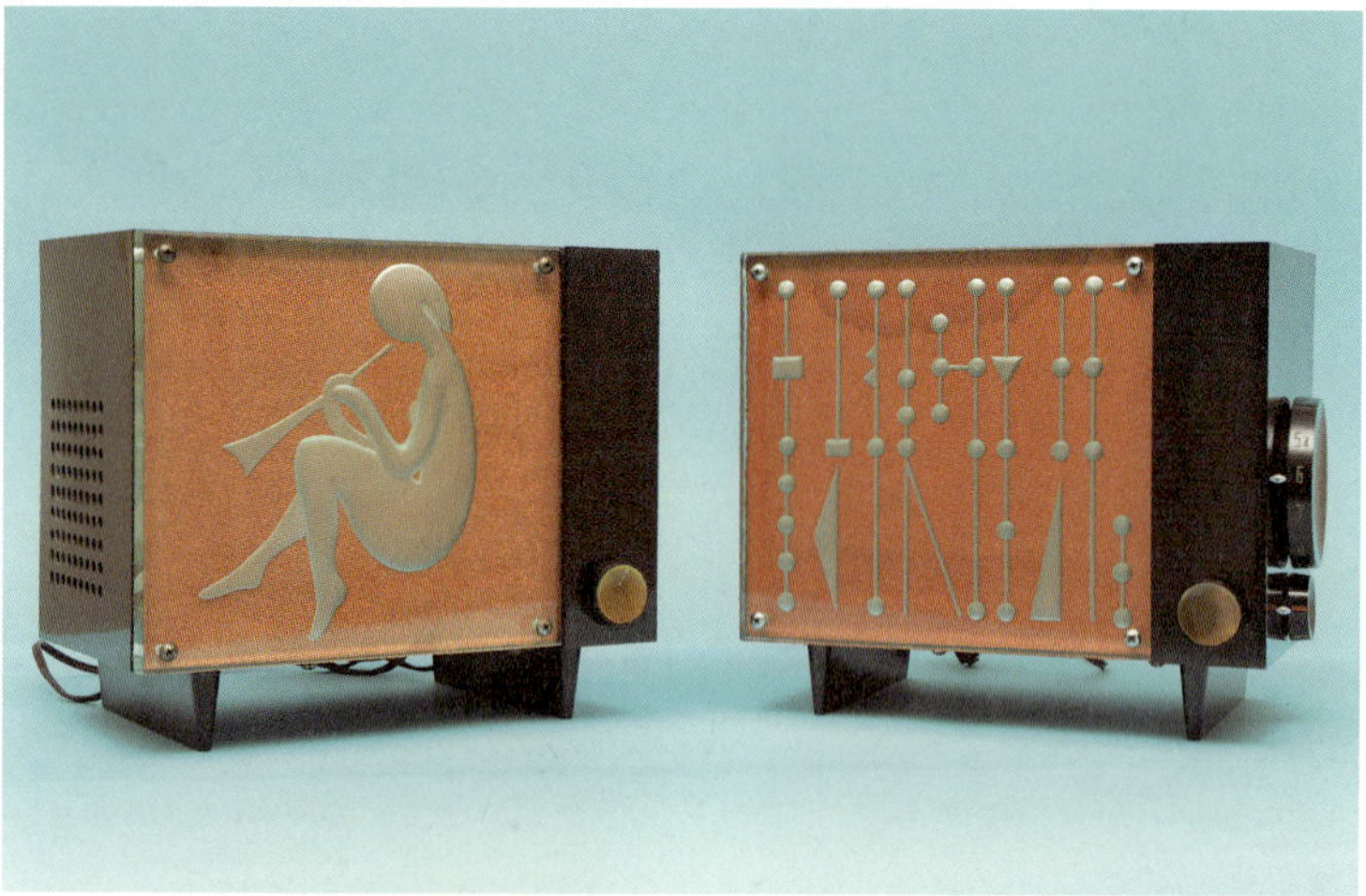

そのままインテリアとしてもぴったりなデザイン

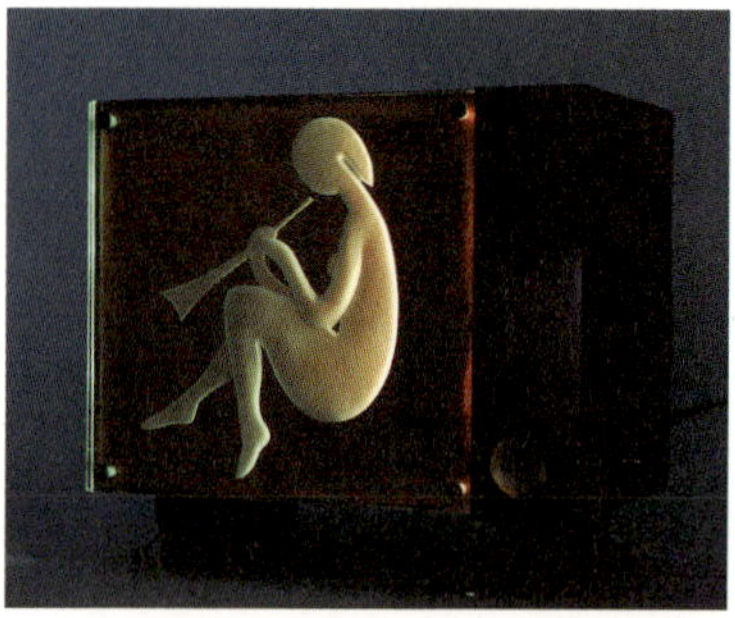

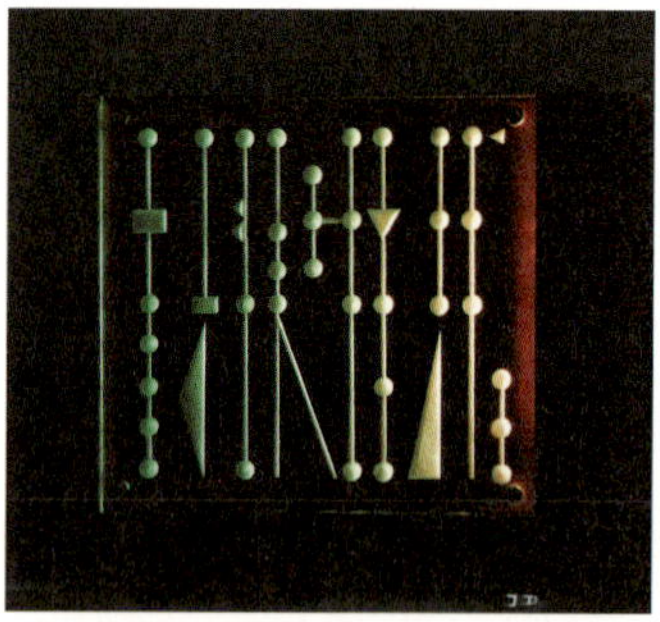

ライトを点けるとムーディーな大人の雰囲気を醸し出します

モダンというか前衛的というか、なんとも不思議なデザインのラジオです。往年の日活映画……、ところは銀座の洒落たバー。小林旭が薄暗い店内のカウンターでひとりグラスを傾ける。カウンター奥の棚のラジオからは洋楽が……。そんな場面に出てきそうなラジオです。スイッチを入れるとライトが点灯しムーディーな雰囲気をいっそう醸し出します。ところがこのラジオ、不思議なことに、松下電器のカタログに載っていません。なにかの特注品だったのでしょうか？　前面のデザインはこれ以外にもあったのか？ そしてこの不思議なデザインの意図は？　などナゾの多い製品です。ご存知の方がいらっしゃいましたらご教授くださいませ。

（写真提供：カバヤ食品）

ラジオの“お化け”が街を走る

「ラジオのお化け」と新聞にも取り上げられたその大きさに皆がビックリ

（写真提供：三洋電機）

昭和27年大阪の街を荷台がラジオの形をした風変わりなトラックが走りました。これはこの年の3月に三洋電機から発売された、日本で初めて本格的に量産されたプラスチックボディのラジオ SS－52（写真下はその姉妹品として発売された SS-55）の宣伝カーです。「ラジオのお化けあらわる」と大変な評判となりました。積水化学と共同開発したプラスチックを使っての大量生産により8950円と1万円を切る低価格を実現したこともあって大ヒットしました。当時、この「ラジオのお化け」をはじめ、このような宣伝カーが大流行。商品の実演から、宣伝物の配布や講演、はたまた映画上映などが行われ、テレビ CM がまだ普及していない頃、全国を巡回して大変な人気となりました。

三洋
プラスチックラジオ
「サンヨーローズ」
SS-55／昭和27年／10,500円

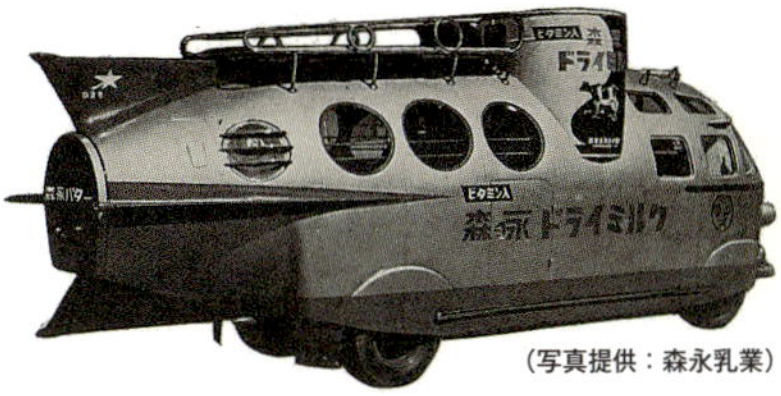

（写真提供：森永乳業）

カバヤ食品の「カバ車」（ページ上写真）と森永乳業の「銀星号」（写真上）。当時はこのようなユニークな宣伝カーが街を走り、子どもたちの人気の的になっていました。

高嶺の花！　あ〜憧れのテレビジョン

早川（現 シャープ）　Design KADEN 05

テレビ型ラジオ「シネマスーパー」

型番：5S-85 ｜ 昭和 31 年 ｜ 価格：10,900 円

「お父さん、けったい（変）なラジオ買うてこんといて！」とお母さんの声が聞こえてきそう

テレビがまだ高嶺の花だった昭和 31 年。気分だけでもテレビを味わおうと、外観がテレビの形をしたラジオが早川電機から発売されました。「テレビを形どったラジオのニューモード」（『シャープニュース』 昭和 31 年 8 月）という触れ込みでした。価格は 1 万 900 円。その頃のテレビは 14 型で 8 万円。たしかにテレビよりは安いとはいえ、高卒の国家公務員初任給が 5900 円の時代。けっして安い買い物ではなかったはず……。

松下（現 パナソニック）　Design KADEN 06

テレビ型ガスストーブ

型番：GSF-1 ｜ 昭和 35 年 ｜ 価格：23,500 円

4 本脚、そしてブラウン管に似た温風の吹き出し口。かなりテレビを意識したデザインです。当時の松下電器のガスストーブの中ではこの製品が最高級品でした。2 万 3500 円也。一番安価な4畳半〜6 畳向きストーブが 3200円でしたから、どれだけ高級品だったか想像できます。そんな最高級品をテレビ型のデザインにしたのは、当時、テレビが時代の最先端をいくモダン……という憧れからなのでしょうね。

ストーブもテレビ型だと高価でした

精工舎（現 セイコークロック）

目覚まし時計「オルゴール」

型番：853 | 昭和30年 | 価格不明

本当にテレビを模したデザインなのかは……

この目覚まし時計……テレビを模しているように見えませんか？　真ん中が画面、そして左右がスピーカー。近所の古くからの時計屋のご主人曰く、「こんなん、テレビの真似しとるんや（笑）」。どうやら、この頃の目覚まし時計って、テレビを意識したデザインのものも多かったんだそうです。う～ん、でも時計屋のおじさんのお話だけではいささか心許ない。広告とか残っていたら面白いのですがねぇ～？

テレビ鑑賞用のおやつ？

昭和30年代は、テレビがお茶の間の真ん中にあった時代。「テレビを前に団欒《だんらん》のひとときに、お召し上がりください」（社内報『森永ライフ』）。ビスケットにわざわざ「テレビタイム」のネーミング！　当時、家族そろっての「テレビタイム」がいかに楽しい時間だったかがわかります。そういえばこの缶、どことなくテレビのブラウン管を模しているような……。森永テレビタイムビスケットを食べながら、一家そろって『ジェスチャー*』を楽しんでいる光景が目に浮かびます。

＊ 昭和28年から43年までNHKで放送されていた人気クイズ番組

森永製菓
森永テレビタイムビスケット
昭和32年／価格不明

東芝

ホームスタンド扇

昭和 32 年 | 価格：14,500 円

ターゲットは女性か!? 涼やかで、エレガントな装い

昭和 31 年、経済白書にあの有名な一節「もはや戦後ではない」が載りました。その翌年、東芝から発売されたのがこの扇風機。どうですこのシャレたデザイン！　羽根は若草色の花びら、スタンドは茎のようで、まるで部屋の中に水仙の花が咲いているようです。「だた風を送ればいい」から、時代は変わり始めました。扇風機の世界も「もはや戦後ではない」だったのです。

日立

卓上扇風機「ピアノ」

型番：M-6012 | 昭和34年 | 価格：3,900円

日立卓上扇風機「ピアノ」。見ての通りグランドピアノの形を模してあります。今見ても小ぶりでかわいいですね。この頃の日立の扇風機には、主に音楽関係の愛称がつけられていました。この「ピアノ」をはじめとして、「ポルカ」「フォルテ」「ハープ」「ピコロ」「バラード」……。間違えないようにというのが第一の目的でしょうが、扇風機ひとつひとつが、いかに大切にされていたかを、うかがい知ることができます。

カタログには「1人1台用です。帯状の風が出ますので、書類があっても飛びません。香料がついていますので、いい香りの風がします。香りは4～5年はもちます」とありました。でも半世紀の時を経て動かしてみましたが、残念！　もういい香りはしませんでした。

兜型電気スタンド

型番：FO-1713 ｜ 昭和 37 年 ｜ 価格：1,400 円

これぞニッポン家電！和のデザインと電気のコラボ

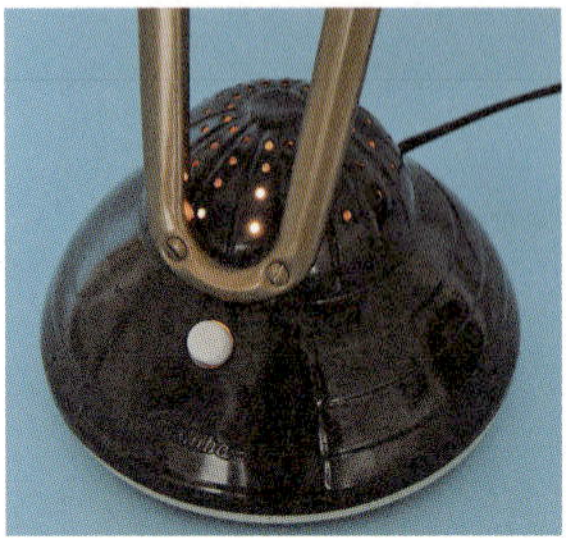

豆球が光った兜は UFO のようにも見えます

よく見ると、台座の部分がなんと戦国武将の兜の形をしています。おじいちゃんが小学校に入学した孫へ、「武田信玄のように強くあれ！」との願いを込めてお祝いに贈ったのでしょうか……。でも小学 1 年生が、このスタンドをもらってはてさて嬉しかったのでしょうか。いささか微妙～です。もっとも近頃は「歴女」ブームとか。今ならウケるかもしれません。このスタンドの企画意図は 50 年早かったようです。

電気火鉢

型番：SHS-33 | 昭和34年 | 価格：4,100円

昔からある火鉢をそのまんま電化した、名前もズバリ「電気火鉢」です。この当時の暖房器具は（電気のものも含めて）部屋全体を暖めるものより、こたつ、手あぶり、電気座布団……など、体の一部分の暖をとるためのものが多かったようです。この電気火鉢もそんな一品です。漆塗りっぽい外観、また電熱部の上には目隠しの飾り置物。そしてコーナーにはさりげなく灰皿を置く心にくい気配り。雪見障子から降る雪をながめつつ、かたわらには電気火鉢……。そこに手をかざしながら熱燗をひと口。そんな場面が目に浮かびます。

「降る雪や　昭和は遠く　なりにけり」

電気手あぶり（洋室用スタンド型）

型番：SHK-35 | 昭和33年 | 価格：3,000円

レトロ？ 近未来？ ちょっとゆかいなストーブ

手を温めるだけ……まさに電気手あぶり

電気手あぶり……。名は体を表すとか。見てのごとくのネーミングです。スタンドの上部に電熱線の手あぶり、そしてその周囲は輪形の灰皿になっています。ごくごく小さな電熱線ですので、部屋を暖めるものではなく、文字通り「手をあぶる」だけのものです。町工場の入り口で、オヤジさんたちがこのスタンドを取り囲み、背中を丸めて手をあぶりながら煙草を吸って雑談している……。そんな風景が浮かんできます。

電気ストーブ「スーパーネオン」

型番：DS-69 ｜ 昭和34年 ｜ 価格：2,940円

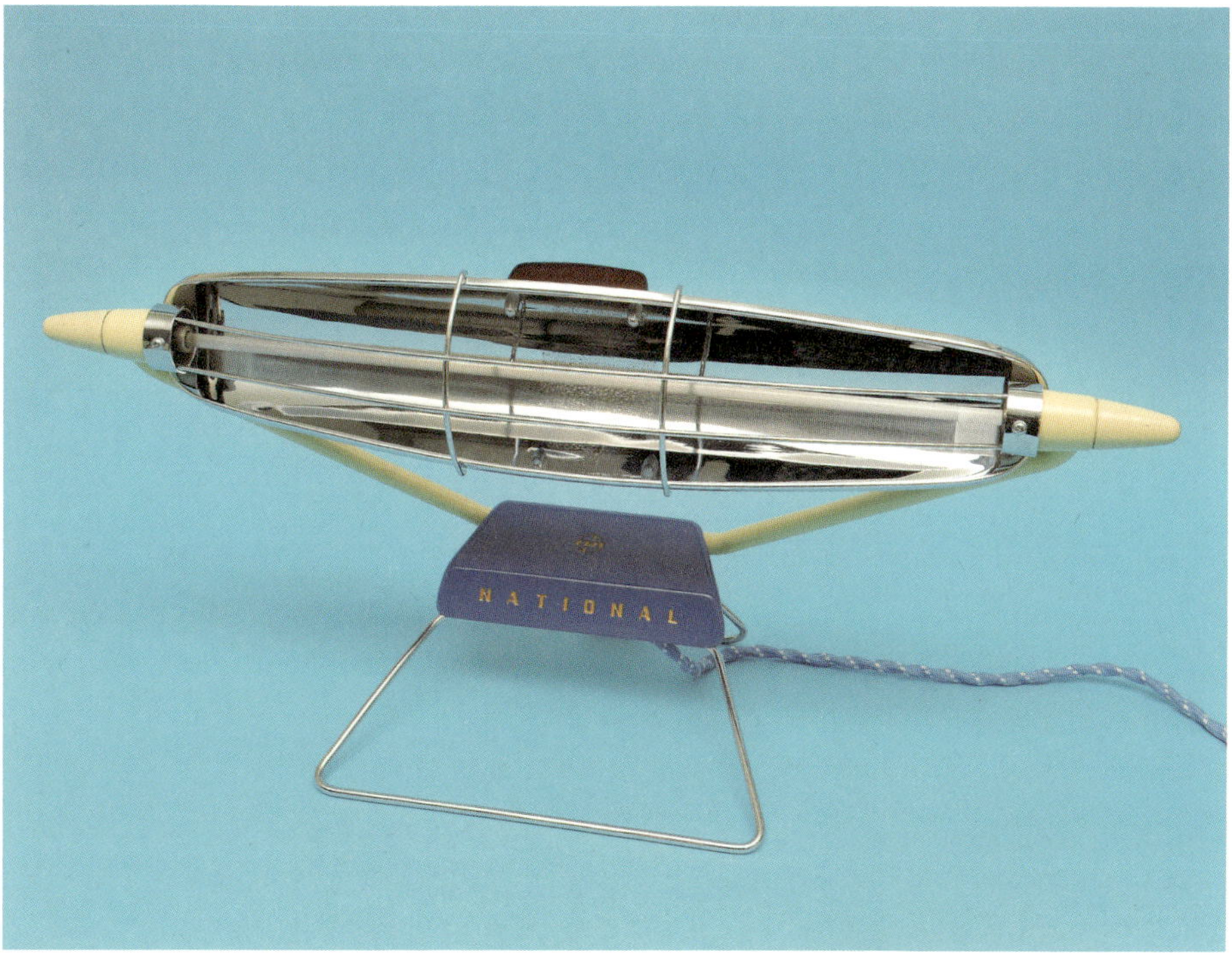

なにやら1950～60年代のアメリカ車のようなデザインです。この頃から出始めた石英管（ここでは「ネオン」と表現されています）の電気ストーブ。「宇宙時代の人気者・スーパータイプ スマートさがロケットタイプともアメリカンタイプとももてはやされ、ことしも人気の焦点です」（『NATIONAL SHOP』昭和35年10月）と、当時は人気商品だったようです。
たしかに従来の電熱線をくるくると巻いた電気ストーブと違って石英管がシューッと1本だけなのでスマートなのは間違いありません。スマートさ、斬新さを強調したかったのか。でも電気ストーブでここまで遊ぶか……、と言いたくなるようなデザインですね。

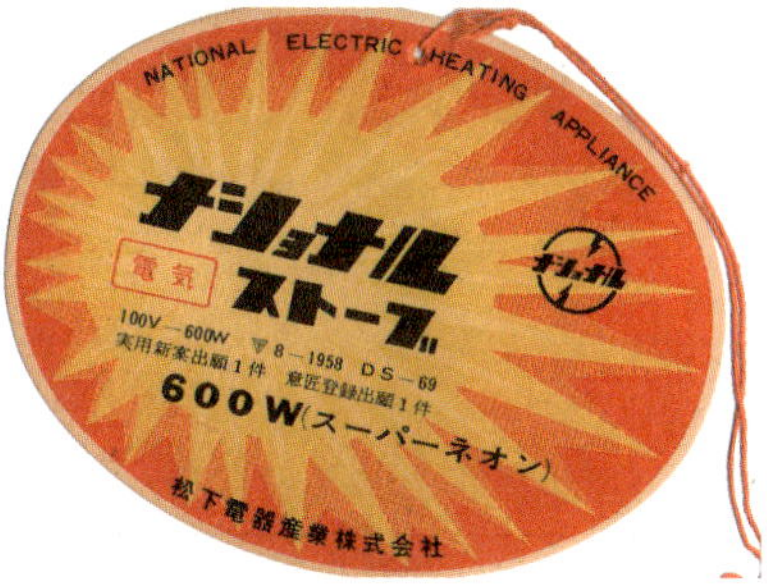

お部屋の雰囲気を一新……ロマンチックな近代照明

タテ型ルーバースタンド

型番：FN1060 | 昭和28年頃 | 価格：1,640円

半月型スタンド

型番：F1062 | 昭和29年 | 価格：1,600円

笠（シェード）は別売でした

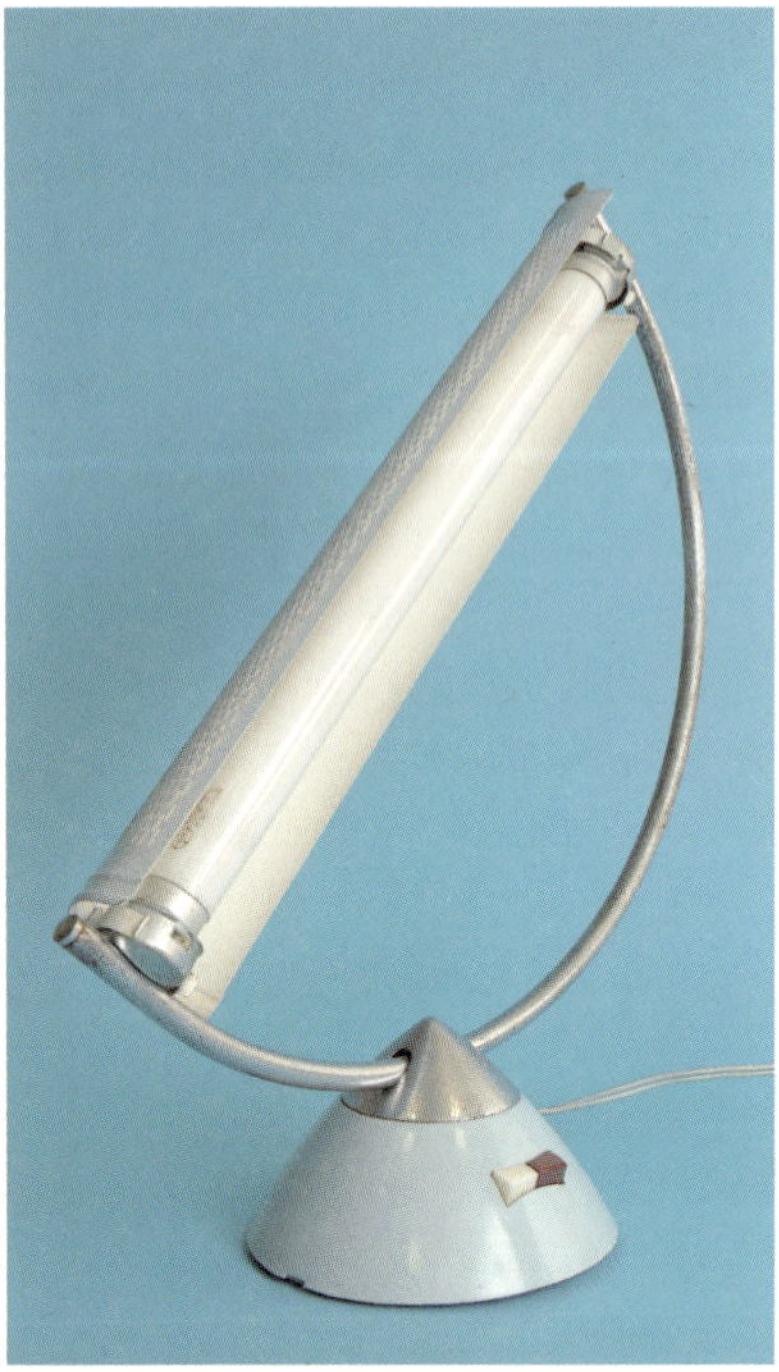
半月型スタンド。意外？と好評だったようです

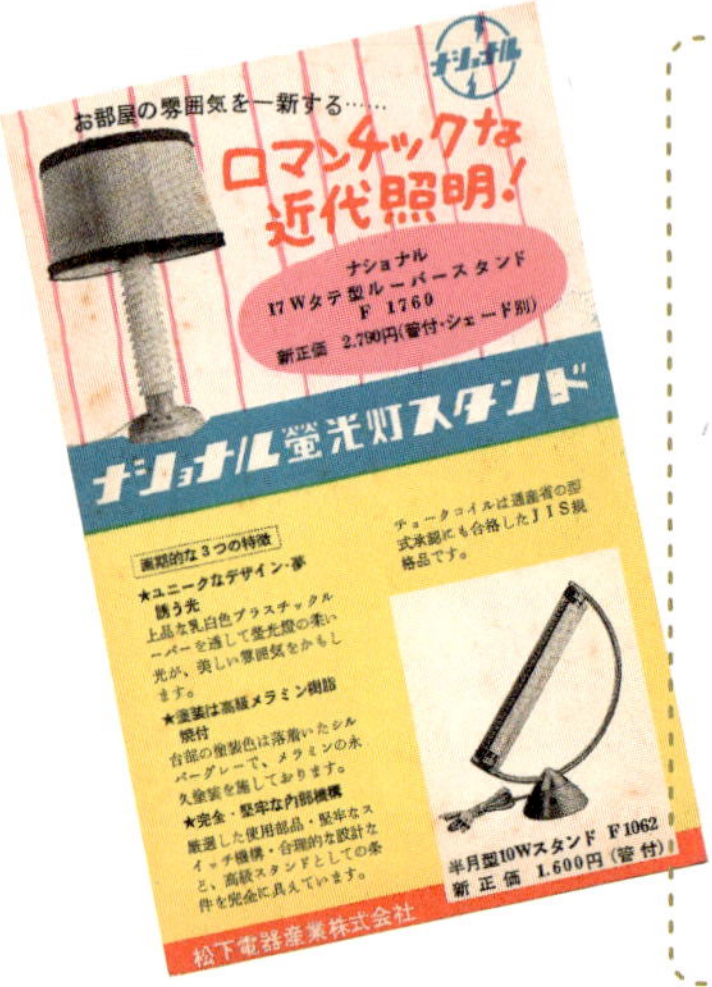

昭和20年代の後半に入り、従来の白熱電球にかわり蛍光灯が普及してきました。熱くならない、また明るくスマートなことから、当初はモダン・近代的なイメージがあり、またお中元やお歳暮などの贈答品としても利用されました。そのためか今ではちょっと考えられないようなユニークなデザインのものがありました。

小泉産業

ペンギン型電気スタンド

型番：不明 | 昭和32年頃 | 価格：不明

豆球の部分の笠がかわいいペンギンの形になっています。なぜペンギンなのか……。このスタンドが発売された昭和32年は国際地球観測年。日本も南極に第一次観測隊が上陸し、昭和基地を建設。そして越冬隊の活躍のニュースが日本中の大きな注目を浴びた年でした。おそらくそれにあやかってこのスタンドも発売されたのでしょうね。ちなみにこのスタンド、上部の蛍光灯、ペンギンの豆球それぞれを別に光らせられるのはもちろん、両方同時に光らせることもできるのです。といっても、両方光らせることに何かメリットがあるとは思えないのですが……。

シンプルながら愛らしいペンギン

南極観測隊を応援するマッチ箱にもペンギンのイラストが

松下（現 パナソニック）

電気文化座布団

型番：4372 ｜ 昭和 32 年頃 ｜ 価格：4,950 円

道具が電器に進化した 昭和30年代的「オール電化」な?品々

昭和 30 年代はやたらと「文化」がついた品物が多かったです。文化の 2 文字をつけることで、近代的なイメージをもたせる目的があったのでしょうか。文化包丁、文化鍋、文化食器、はては文化住宅……。そういえば松下電器のこの頃のキャッチフレーズは「電化による生活文化の向上へ」でした。その松下電器から発売されたのが、この「電気文化座布団」。座布団にヒーター線が組み込まれている品物です。“電気座布団”でもよさそうに思いますが、なにゆえ「文化」という名が付いたのでしょう。当時、松下電器からはほかにも電気座布団が発売されていましたが、この品物にのみ「文化」とついています。柄が違う程度で大きな差異はないのですが……ナゾです。

東芝

Design KADEN 17

電気フライパン

型番：ER-2 | 昭和 31 年 | 価格：2,350 円

「きれいでたのしいテーブルクッキング！」。フライパンって普通、丸型ですよね（後年、丸型の電気フライパンも発売されるのですが……）。なぜ角型なのか、当時のカタログによると「角型のため丸い鍋より余計に調理出来、ハンドルを外せばスキヤキなどに好適。蓋がありますので油がはねません」とありました。余計に調理ができるとは、日本の狭い台所事情に配慮したのでしょうか。

東芝

Design KADEN 18

電気やかん

型番：PL-601 | 昭和 33 年 | 価格：1,850 円

お湯を沸かすものとしては、既に電気ポットがありましたが、こちらはまさしく「やかん」そのもの。従来の電気ポットでは、「お湯を沸かす」という実感が今ひとつ頼りない……などど考えられて、この製品ができたのでしょうか。たしかに電気ポットで沸かしてカップラーメン（当時なら、さしずめチキンラーメン）にお湯を注ぐより、この電気やかんでお湯を注いだほうが、なにやらおいしそうな感じがします。

早川（現 シャープ）

宇宙ロケット型ラジオ「トランケット」

型番：BH-351 ｜ 昭和 34 年 ｜ 価格：10,900 円

宇宙時代が到来！スペースデザイン花盛り

スプートニク1号の打ち上げ成功でグッと身近になった宇宙
子どもも大人も誰もが熱中したロケット、人工衛星……
みんなのあこがれが形になって家にやって来た

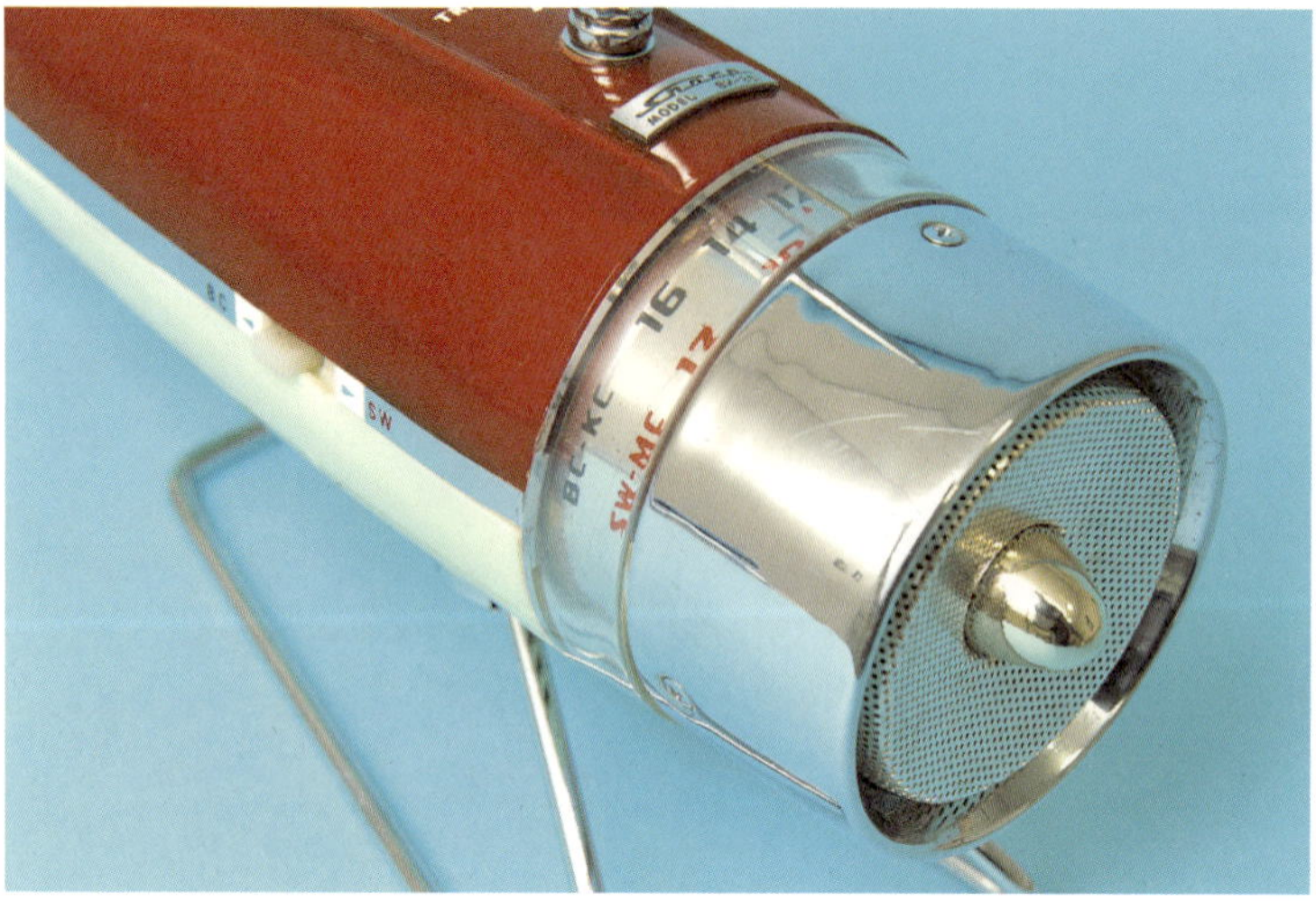

チューニングは先端部分を回して行ないます

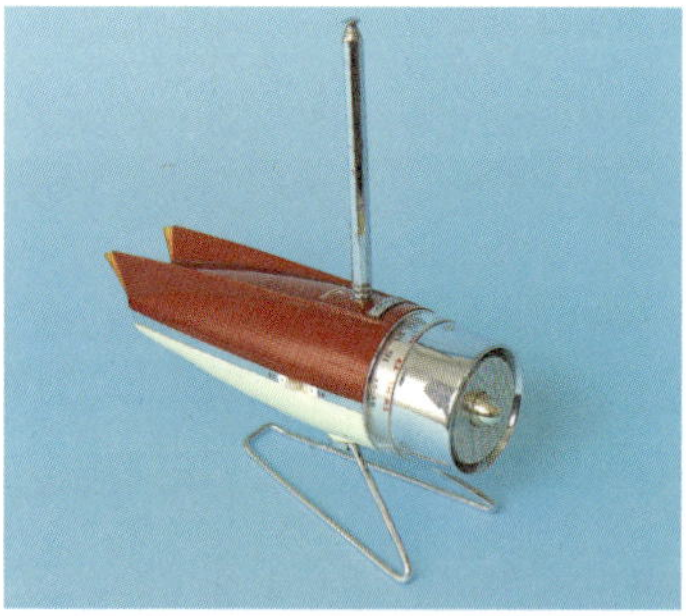

後部はアメ車のようなデザイン

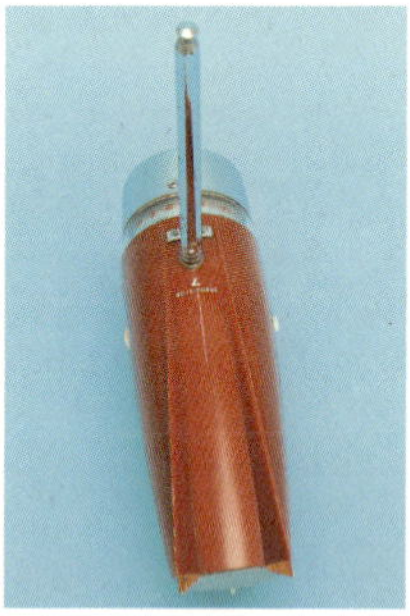

真上から見たところ

トランケットの名前は、トランジスタとロケットの造語から。ロケットのような、はたまた当時のアメ車のような。今見ても、とても斬新で楽しいデザインです。工夫して部品をコンパクトに配置。宣伝文句は「人工衛星のような精密さ！」。従来のトランジスタラジオは、机の上に置いて使うと小さく薄いが、かえって安定性を欠く難点が。その問題を解決し、どの角度からの視線にも耐え死角のないデザインという狙いだったようです。このトランケットを自転車に取りつけ、ラジオを楽しめるように別売の取付金具もありました。とはいえトランケットの価格は 1 万 900 円。ちなみに当時、高卒の国家公務員初任給は 6700 円。もし、道でコケたら高価なトランケットは哀れ……。怖くってとても自転車には乗れません。

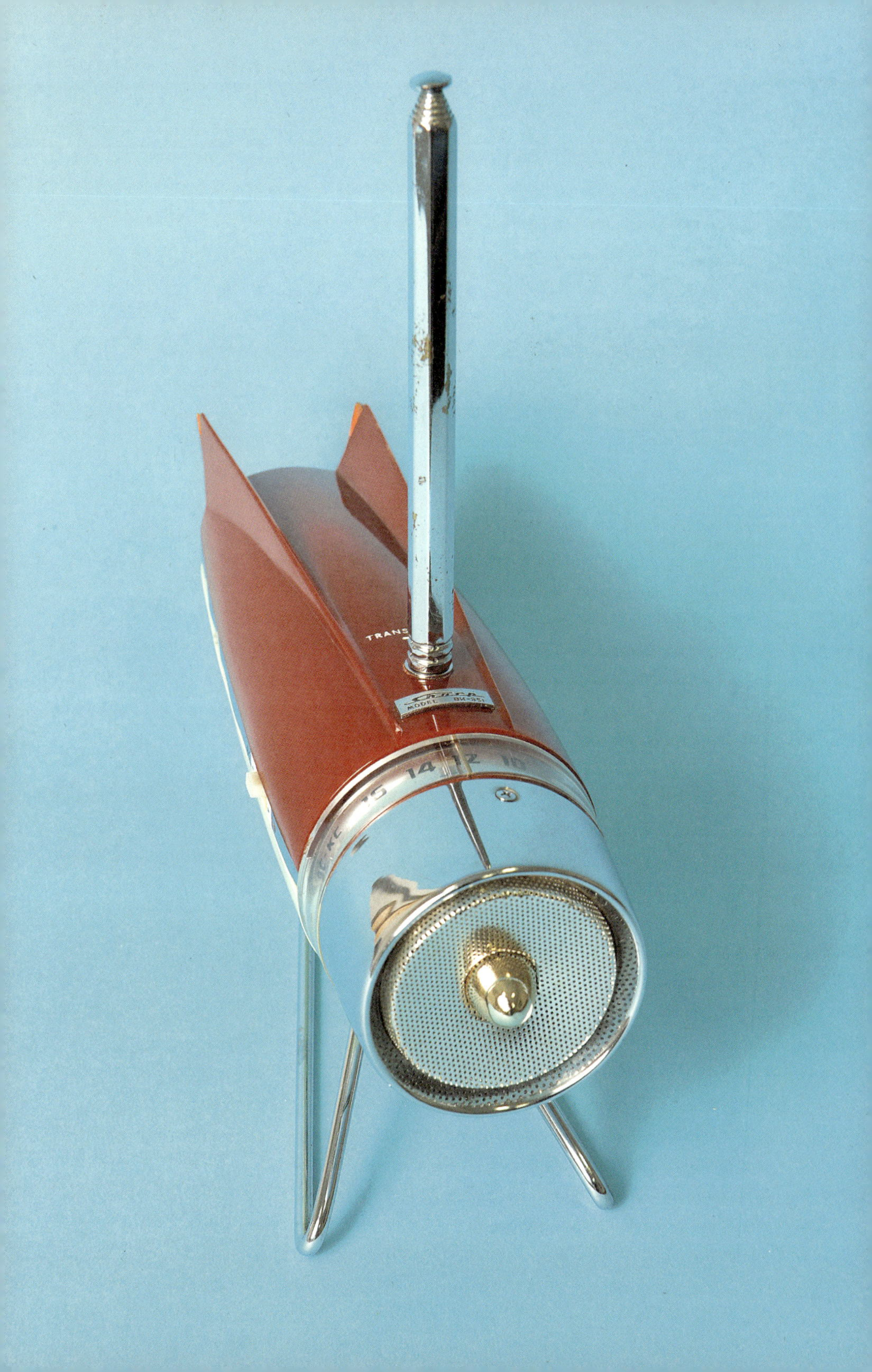
MODEL
15 14 12

真空管ラジオ「かなりやQS」

型番：5LQ-269 | 昭和33年 | 価格：6,950円

青空のなか打ち上げられたロケットのようなイメージです

一見するとフツーのラジオのようですが、前面をよく見てください。中央の選局の窓やツマミのあたり……。青いボディに真白なロケットが描かれています。そしてロケットの先端には誇らしげに「TOSHIBA」の文字。このラジオが発売された昭和33年は、ソ連の人工衛星スプートニク1号に遅れること4ヵ月、アメリカがエクスプローラー1号を打ち上げ、米ソの宇宙開発競争が本格化した年です。手元の資料を見る限り、ロケット云々ということは書かれていませんが、ロケットを意識したデザインに間違いなさそうです。大人向けのラジオにまで流行を取り入れ、こんなお茶目な意匠を施すなんて、当時のデザイナーがほくそ笑んでいるのが目に浮かびます。

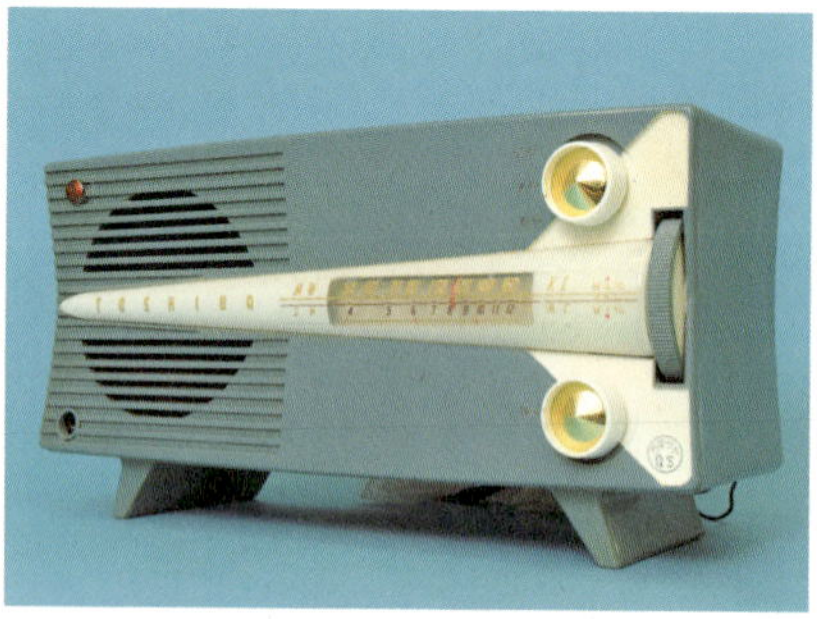

八欧（現 富士通ゼネラル）

ロケット型ミニライト

型番：不明 | 昭和30年代 | 価格：不明

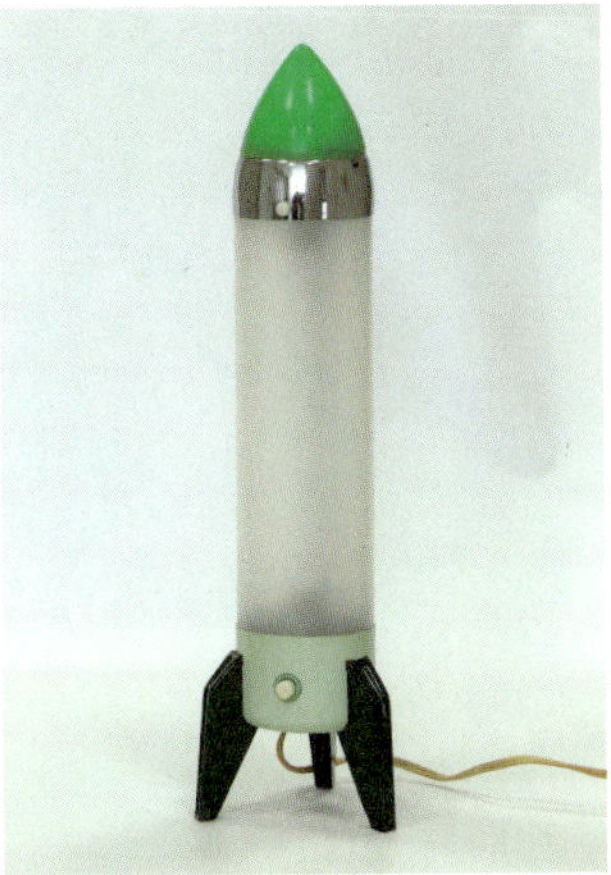

宇宙ブームにあやかった製品のひとつ、ロケット型ミニライト。わざわざ“ロケット型”とうたわなくとも、誰がどこから見てもロケットにしか見えません。蛍光灯スタンド自体もまだ高価で、お中元やお歳暮など贈答品にもなっていた時代。当時の最先端、そして未来をも夢見させてくれたロケット型ミニライトは、きっと子供たちの憧れだったに違いありません。とはいえ、このようなスタンドを持っていたのは、よほどお金持ちの「ボン」だったことでしょうね。

松下（現 パナソニック）

Design KADEN 22

蛍光灯スタンド　地球型

型番：F1085 | 昭和33年 | 価格：1,400円

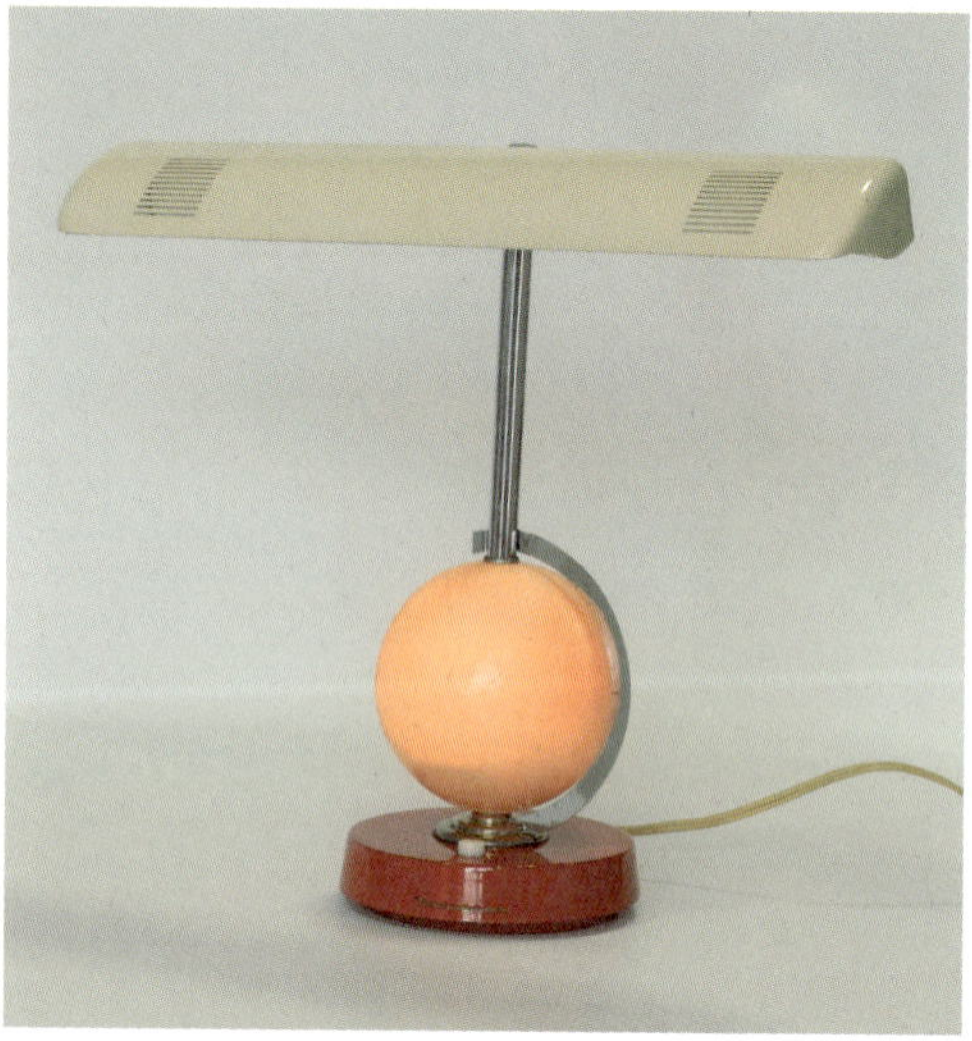

地球型スタンド……。台座の部分がなぜか地球儀になっています。このスタンドを使う子供たちには、地球的視野で物事を考えられるようになってほしいという松下電器の壮大な願いがあったかどうかは定かではありませんが、このスタンドで勉強した子供たちも今や還暦を過ぎている頃でしょう。地球儀の部分に豆球が入っていて、優しく地球を照らします。地球の未来もかくありたいものです。

東芝

Design KADEN 23

ホームスタンド（人工衛星型）

型番：FO-1417 | 昭和35年 | 価格：1,290円

なにが人工衛星型といえば、真ん中の球形……。これが世界初の人工衛星「スプートニク1号」を模しているそうです。当時、このスタンドを買ってもらって喜んだ小学1年生が高校3年になるのは昭和47年。もう「宇宙ブーム」もどこへやら。いささか奇抜なデザインのこのスタンドを眺めては、ほろ苦い思いをしていたかもしれません。ほかにも松下電器から「スプートニク」を模した人工衛星型掃除機というのもありました。

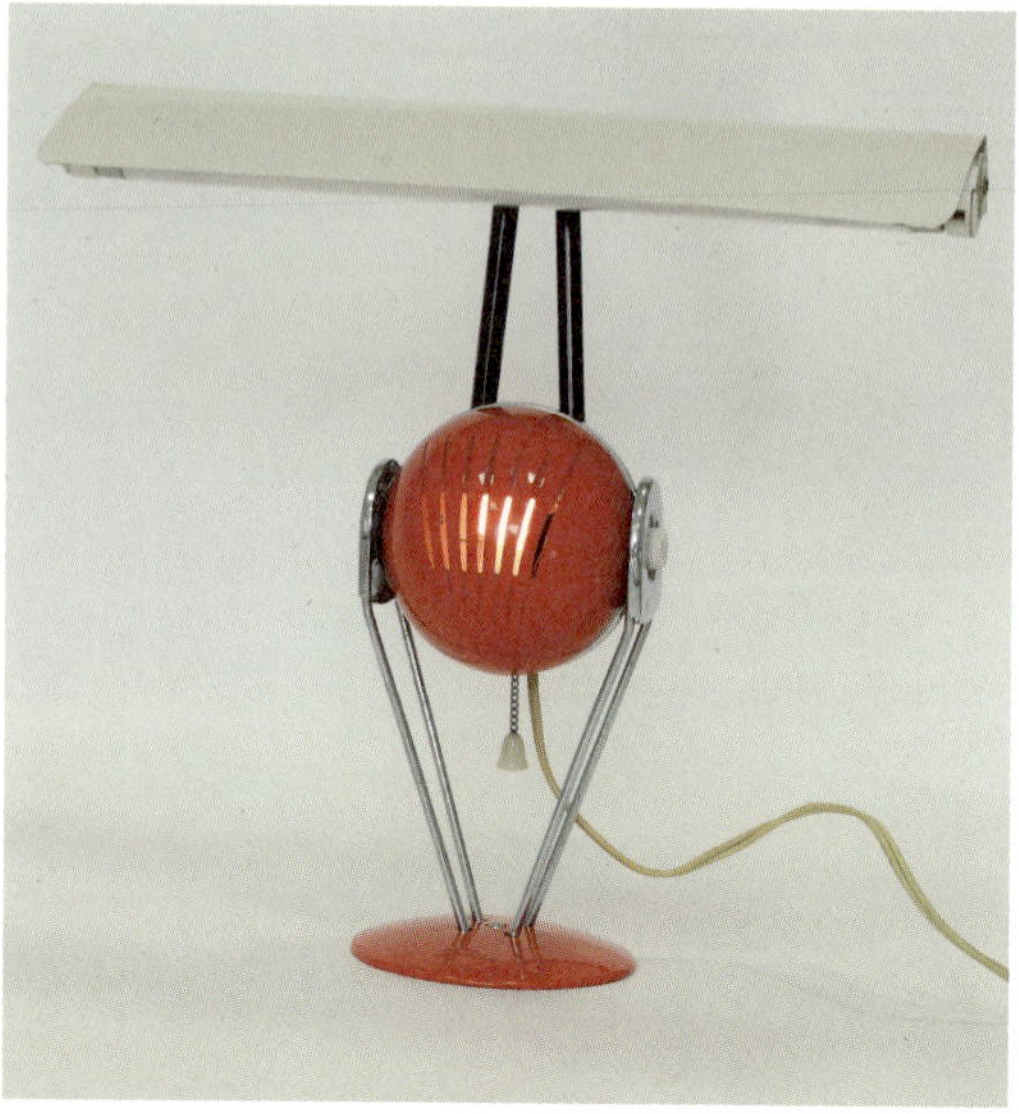

宇宙ブームがやってきた！

『NATIONAL SHOP』
（昭和35年1月）表紙
当時の宇宙ブームの影響がよくわかります

昭和32年7月から翌33年12月末まで「国際地球観測年」として、日本も含め64ヵ国が参加し、氷河・気象・宇宙線・太陽活動など自然現象の12項目を対象とした共同観測が行われました。ロケットや人工衛星の開発、南極観測などの成果がありました。日本が南極に昭和基地をつくったのもこのときのことです。

その観測年の一環として昭和32年10月、ソ連が世界初の人工衛星「スプートニク1号」の打ち上げに成功し、日本でも大きなニュースになりました。翌33年1月にはアメリカも「エクスプローラー1号」の打ち上げに成功。その後、両国の宇宙開発競争が本格化してゆきました。

スプートニク1号の成功で、世はまさに「宇宙ブーム到来！」。デパートの玄関ホールの天井にはスプートニクの巨大な飾りが登場。盛り場では宇宙バーなるものが開店し、出されるカクテルの名は「人工衛星」。宇宙旅行案内所では火星の土地が分譲され、これがかなりの売れ行き（10万坪で1000円。なかには火星にホテルや遊園地を本気で作りたいという人も……）。おまわりさんは宇宙服姿で歳末の防犯を呼びかけます。

家電メーカーでも早速、このブームにあやかろうと、ロケットや人工衛星を模した蛍光灯スタンドやラジオ、掃除機などを発売しました。これらの製品、きっと子供たちの、いえいえ大人たちも憧れだったに違いありません。

米ソ日　宇宙開発の歴史

昭和	月	国	出来事
30	4	日	「ペンシルロケット」の公開水平発射実験に成功
32	10	ソ	世界初の人工衛星「スプートニク1号」の打ち上げに成功
	11	ソ	「スプートニク2号」が犬1匹を乗せて地球周回軌道へ
33	1	米	アメリカ初の人工衛星「エクスプローラー1号」の打ち上げに成功
	9	日	「カッパ6号」ロケットの開発に成功。収集した観測データで国際地球観測年に参加
34	9	ソ	「ルナ2号」が月面に到達
36	4	ソ	史上初の有人宇宙船「ボストーク1号」の打ち上げに成功。ガガーリン少佐「地球は青かった」
37	7	米	初の実用通信衛星「テルスター1号」の打ち上げに成功
38	6	ソ	初の女性宇宙飛行士を乗せた「ボストーク6号」の打ち上げに成功
44	7	米	「アポロ11号」が人類初の月面着陸。
45	2	日	日本初の人工衛星「おおすみ」の打ち上げに成功。（ソ連、アメリカ、フランスに続き世界4番目）

（参照：宇宙航空研究開発機構［JAXA］HP）

家電だけではおさまらない!!
マスダコレクション
雑貨編

花王石鹸　花王ビーズ　ポスター

資生堂　純質粉石鹸

花王石鹸　ワンダフル

ライオン油脂　ハイトップ

花王石鹸　エマール

ライオン油脂　ライポン

丸見屋（ミツワ石鹸）プラス

資生堂　オリーブ石鹸

花王石鹸　花王石鹸・新包装

丸見屋（ミツワ石鹸）　特製一番石鹸

共進社油脂工業（牛乳石鹸）

チューブ入り牛乳活性シャンプー

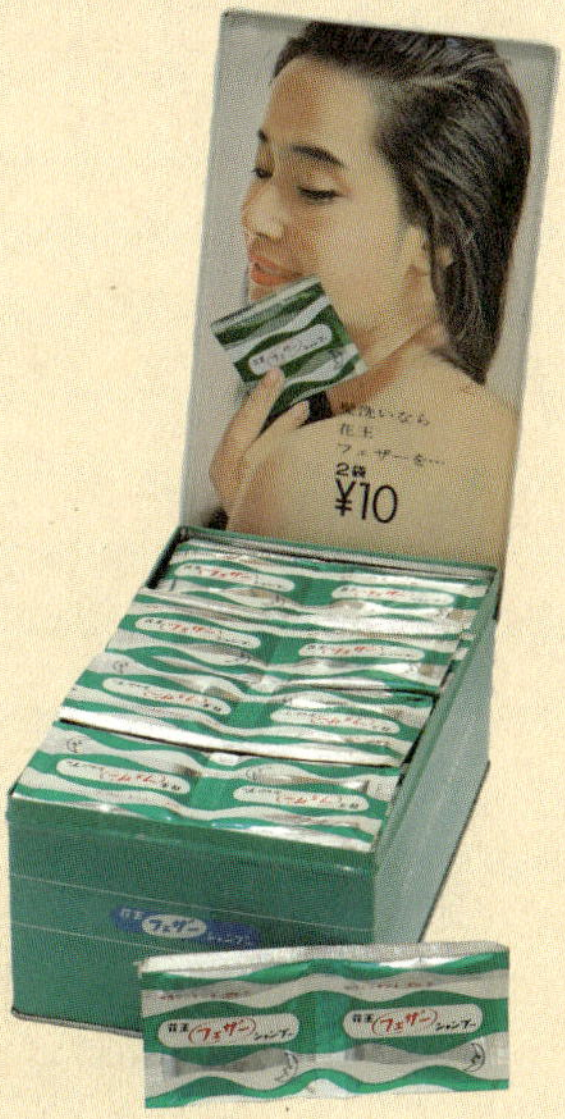

花王石鹸

花王フェザーシャンプー

（粉末タイプ）

洗剤・石鹸・シャンプー

昭和20年代中頃、「ライポン」「ミケソープ」など各社から、従来の油脂からできた石鹸とは違う家庭用合成洗剤（ソープレスソープ）が出てきます［※1］。昭和26年、「花王粉せんたく」（28年「ワンダフル」と改称）が発売。パッケージには「一般せんたく用・電気洗濯機用・青果食器洗い用」と。さすがに当時の消費者も洗濯機用洗剤で野菜や果物、食器洗いには戸惑いもあったようです。

昭和31年にライオン油脂が青果・食器洗い専用の台所用合成洗剤「（粉末）ライポンF」を発売。当時肥料には、し尿を使っていたこともあり、回虫卵の保有が問題となっていましたが、その改善に大いに貢献しました。そして昭和38年には合成洗剤の生産量が石鹸を逆転します［※2］。

花王石鹸

クレンザー ホーム

［※1］日本初の合成洗剤 第一工業製薬「DKS300番（モノゲンの前身）」（昭和9年発売）

［※2］出典：日本油脂工業会資料

資生堂
パールちゃんはみがき

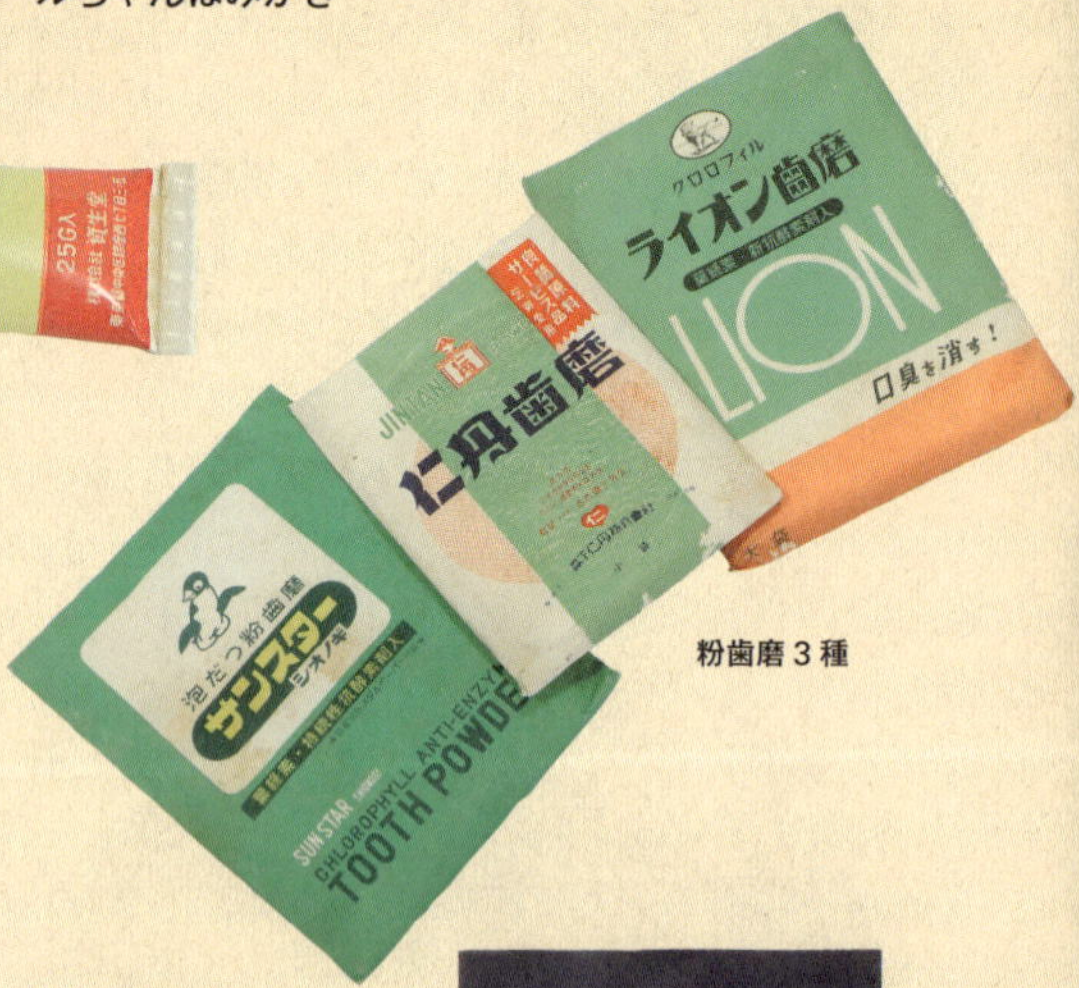

粉歯磨３種

潤製歯磨３種

サンスター歯磨
ペンギンハブラシ

サンスター歯磨　X'マスプレゼントポスター

歯みがき粉・歯ブラシ

「歯みがき粉」。粉でもないのにどうしてこのような呼び方をするのか、不思議に思っている若い人も多いと思います。実は最初のころは、「歯みがき粉」は本当に粉末だったのです。むせる、飛び散るといった粉末ならではの欠点があったため、これを改良した湿り気のある潤製歯みがきが登場。さらには現在のチューブ入り歯みがきが主流の時代に。

今では粉歯みがきはあまり見かけなくなりましたが、21世紀になっても呼び名だけは「歯みがき粉」のままというのが面白いですね。

昭和23年東京都における歯みがきの実態調査　粉製60%、潤製22.8%、煉製15.1%、その他2.1%（ライオン歯磨80年史より）

フマキラー　象印かとりせんこう

大日本除虫菊
キンチョール　ポスター

大日本除虫菊
キンチョール薬液・噴霧器

大正製薬
エアロゾール殺虫剤
ワイパア・ゾル

鎌田商会（現 白元）
パラゾール

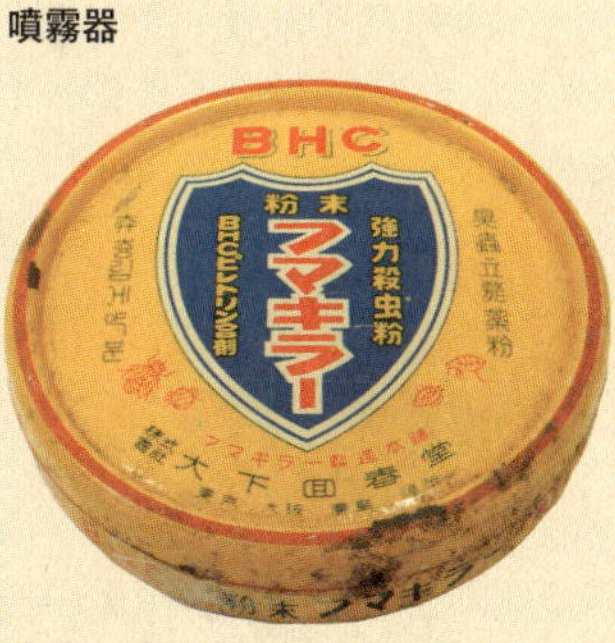

大下回春堂（現 フマキラー）
粉末フマキラー

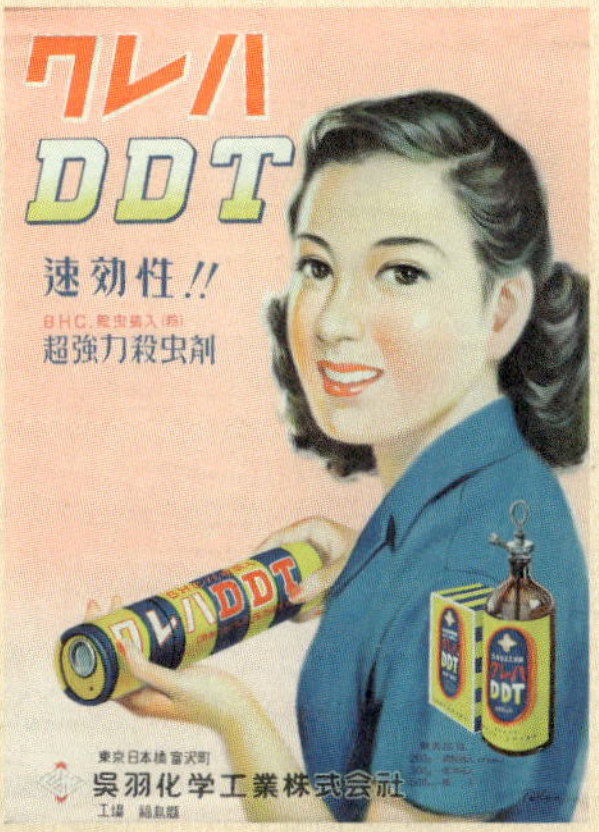

呉羽化学　クレハ　DDT ポスター

殺虫剤

初めてエアゾールタイプ（スプレー式）の殺虫剤「キンチョール」（大日本除虫菊）が発売されたのは昭和27年。当初は天然の除虫菊を使っていたため、ノズル詰まりの問題もあって売り上げは今ひとつ。従来の噴霧器タイプ（小型の手押しポンプに薬液を詰め噴霧する）の時代が続きました。

昭和41年になって、当時人気絶頂だったクレージーキャッツの桜井センリさんを起用したＣＭ「キンチョール」を逆さに持って「ルーチョンキ」が大ヒット。スプレー式の売り上げも急上昇。またここから、今に続く金鳥のおもしろＣＭが始まったそうです。

朝日麦酒　バヤリース　ポスター

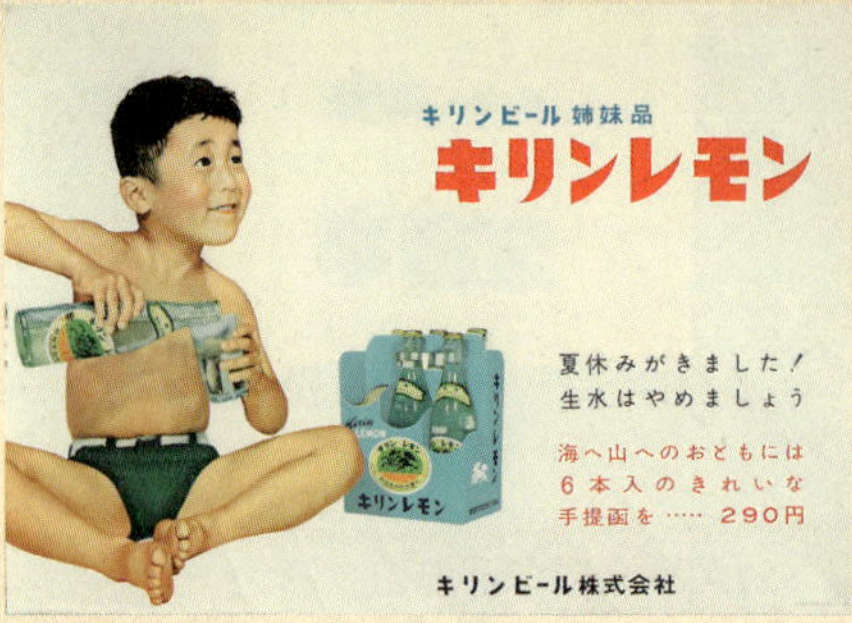

麒麟麦酒　キリンレモン　ポスター

渡辺製菓（現 クラシエフーズ）
渡辺ジュースの素　パイン

大正製薬
大正粉末パインジュース

森永製菓
森永フルーツシラップ

カルピス食品工業
カルピス

清涼飲料水

戦後の混乱もようやく落ち着いた昭和26年、朝日麦酒からバヤリースオレンヂ、翌27年には日本麦酒（現 サッポロビール）からリボンジュース、そして昭和29年には麒麟麦酒からキリンジュースが発売されました。

これらは当時の子供にとって、今のように手軽に飲めるものではなく、デパートの大食堂で食事をしたあとに飲むような、いわゆる「ハレ」の日の飲み物でした。普段の飲み物には安価な粉末ジュースが人気を集めました。

また、水やお湯で薄めて飲む濃縮ジュースも贈答品として人気がありました。

朝日麦酒　三ツ矢サイダー　ポスター

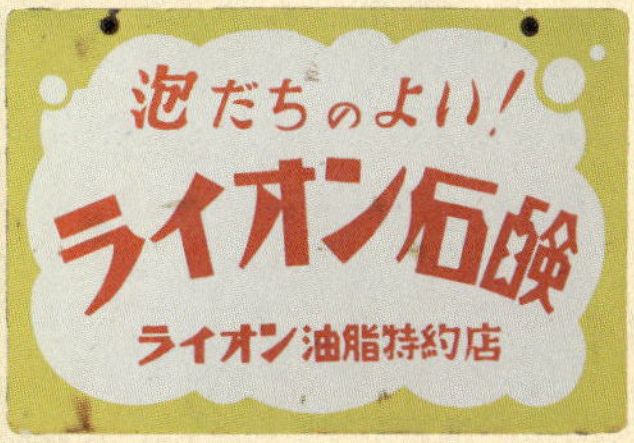

ホーロー（琺瑯）看板

少し前まで、町中でそして線路沿いの家でと、日本中でよく見かけたホーロー看板。なんでも明治の中頃にはあったそうです。全盛期を迎えるのは昭和30年代。視覚に訴えるよう作られたため、人の目を引くような楽しい図柄、わかりやすい宣伝文句にお馴染みのスタア。オロナミンCの大村崑さん、アースの由美かおるさん・水原弘さん、ボンカレーの松山容子さん、金鳥の美空ひばりさん。そんなホーロー看板もテレビの普及に伴い、その役目を譲りますが、今も地方などで見かけると、なにかホッとしますね。

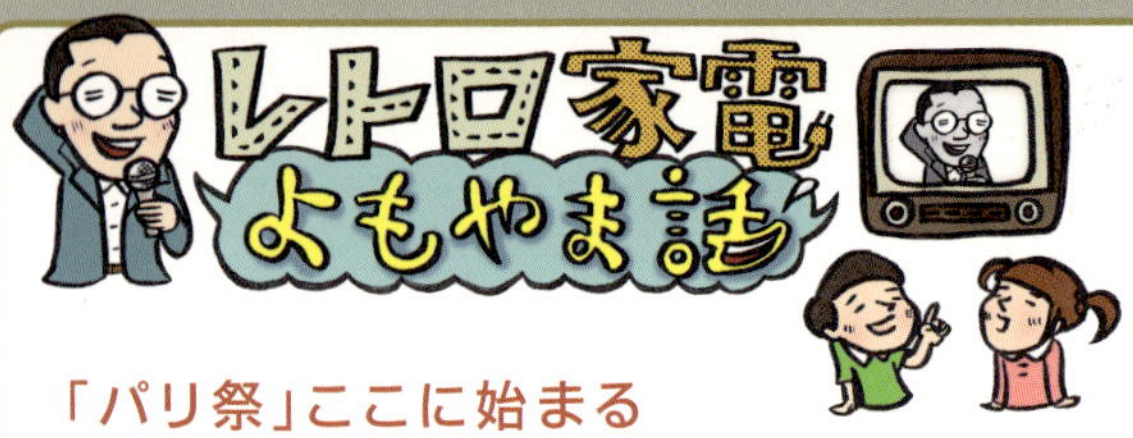

「パリ祭」ここに始まる
シャンソンとジューサーの夕べ

日本で最大級のシャンソンのイベントとして知られる「パリ祭」。第 1 回は昭和 38 年に開かれましたが、その前年に「パリ祭・シャンソンとジューサーの夕べ」といういささか不思議な取り合わせの催しがありました。

昭和 37 年 7 月 14 日、会場は日比谷野外音楽堂。日本シャンソン界の草分けである石井好子さんの石井音楽事務所が主催、富士電機が協賛でした。そして出演メンバーが超豪華！ 石井さんをはじめ、芦野宏さん、深緑夏代さんら日本を代表するシャンソン歌手の方々。そしてパリからはイベット・ジローさんを招き、司会は藤村有弘さん。聴衆は 5000 人と大盛況でした。ジューサーの協賛イベントでよくぞここまで。無粋な話ですが、かなりお金もかかっていそうです。

富士電機は当時、ジューサーが主力商品のひとつでした。「ミス・ジューサー」というキャンペーンガールを養成したり、「ジューサー友の会」を組織して販促につとめたり、とにかく力の入れようがスゴかったようです。

余談ですが、この「ジューサー友の会」。ジューサー購入者を対象にした愛用者の集いなのですが、メンバーがこれまたスゴイ！ NHK「きょうの料理」で活躍した料理研究家の江上トミさん、中村扇雀・扇千景ご夫妻、歌手の西田佐知子さん（関口宏さんの奥さま）、メイ牛山さん、三波春夫さん……そうそうたる顔ぶれ。どうです力の入れようがわかるでしょう。

さて「シャンソンとジューサーの夕べ」当日は、会場でジュースの試飲会も予定されていたのですが、あまりのお客さんの多さにこれは取り止めになり、ジューサーとステレオの展示のみが行われました。キャッチフレーズは「すこやかな体には富士のジューサー、すこやかな心には富士のステレオです」。

パリ祭は、翌年から主催が「シャンソン友の会」になり正式に第 1 回がスタートして、ますます盛大になっていきます。「この昭和 37 年の『パリ祭・シャンソンとジューサーの夕べ』はプレ・パリ祭との位置づけです。でもジューサーの夕べだったとは知りませんでした」（パリ祭運営会社ネオ・ムスク　窪田さん）。パリ祭の初期はなんとジューサーの販促を目的に富士電機が協賛していた……なにか楽しいお話です。

当日のプログラム。
パリ祭の下には「シャンソンとジューサーの夕べ」とあります

第4章

昭和のオカアサンの「炊事洗濯」革命!

集めても置く場所に困る「主婦の家電」一挙公開

早川（現 シャープ）
渦巻式洗濯機「ワイド・ダッシュ」
ES-328 ／ 昭和 38 年 ／ 23,500 円

マスダコレクション 04
マス―コレ
洗濯機

重労働から主婦を解放

洗濯機が登場する以前、中腰で行なうタライでの洗濯は大変な重労働でした。洗濯板で衣服をゴシゴシ手洗い、その後はすすぎを何度もくり返し、最後は手で絞る……。真冬の冷たい水で、また真夏の炎天下、これが毎日毎日続きます。昭和28年、三洋電機が噴流式洗濯機を発売。売り込みのセリフは「この洗濯機は、あなたの若さを永遠に保証します」。〝永遠〟とはいささかタイソウですが……。

それはともかく、それまでの攪拌式と違い短時間で洗濯ができる、角形で狭い日本の家屋に納まりやすい、そしてなにより2万８５００円と従来製品の半値という価格の安さ！　爆発的な大ヒットとなりました。「ガタガタ廻っている洗濯機に手を合わせて拝みたくなった」とは当時の新聞の投書です。またこの年、テレビの本放送も始まりました。評論家の大宅壮一さんは、この昭和28年を「電化元年」と名づけました。

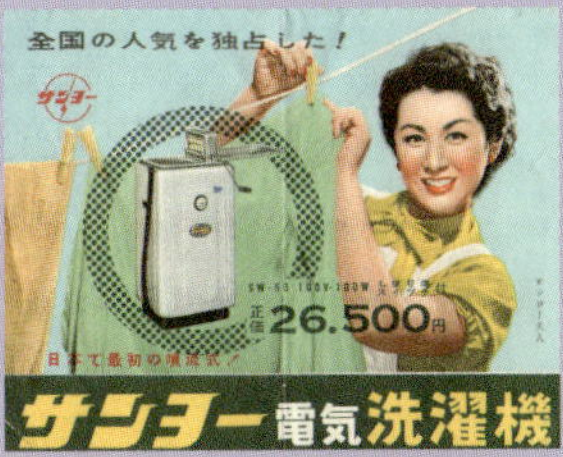

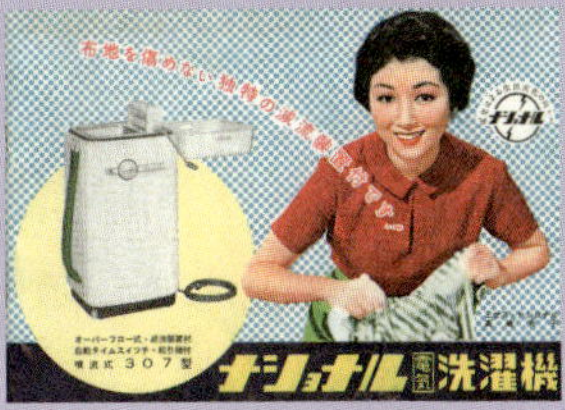

各社の宣伝チラシには楽しそうに洗濯をする姿が描かれている

洗濯機 年表

昭和	出来事
5	輸入品に改良を加えた国産第一号の攪拌式洗濯機が誕生。
15	戦時体制のため、製造中止となる。
25	洗濯機と脱水機を組み込んだドラム式洗濯機が発売される
27	振動発生装置により水の共振作用を利用して洗濯する振動式洗濯機が発売される
28	噴流式洗濯機が発売される。構造がシンプル、価格が安く、洗濯時間が短いと大好評
29	付属のハンドルを回して水を絞るローラー式の脱水機つき洗濯機が発売される 実質的に渦巻式洗濯機といえる製品が発売される このころから洗濯機、冷蔵庫、テレビを称して「三種の神器」と呼ばれるようになる
31	自動反転式洗濯機が発売される
32	全自動ドラム式洗濯機が発売される
34	遠心脱水機が発売される
35	遠心脱水機つき2槽式洗濯機が発売される
36	洗濯機の普及率が50%を超える
40	それまでは温水による洗濯が前提条件だったが、水で十分に洗濯できるようにした全自動洗濯機が発売される
49	節水タイプの全自動洗濯機が発売される

（参照：家庭電気機器変遷史及び家庭電気文化会 HP ほか）

マスダコレクション
04
マス―コレ
洗濯機

早川（現 シャープ）

渦巻式洗濯機「ワイド・ダッシュ」

ES-328 ／ 昭和 38 年 ／ 23,500 円

昭和 30 年代中頃あたりまで、早川電機（現シャープ）では洗濯機に女性の愛称をつけていました。たとえば ES310 はスーパーマダム“ニーナ”といった具合です。ほかにもミミー、エディ、ローヌ、エリー……などなど。蛍光灯の照明つき洗濯機（暗い場所でも洗い具合がわかるとのことです）というのもあったのですが、その名前が蛍光灯つきで“けいこ”。いやいや座布団を 1 枚差し上げたいものです。

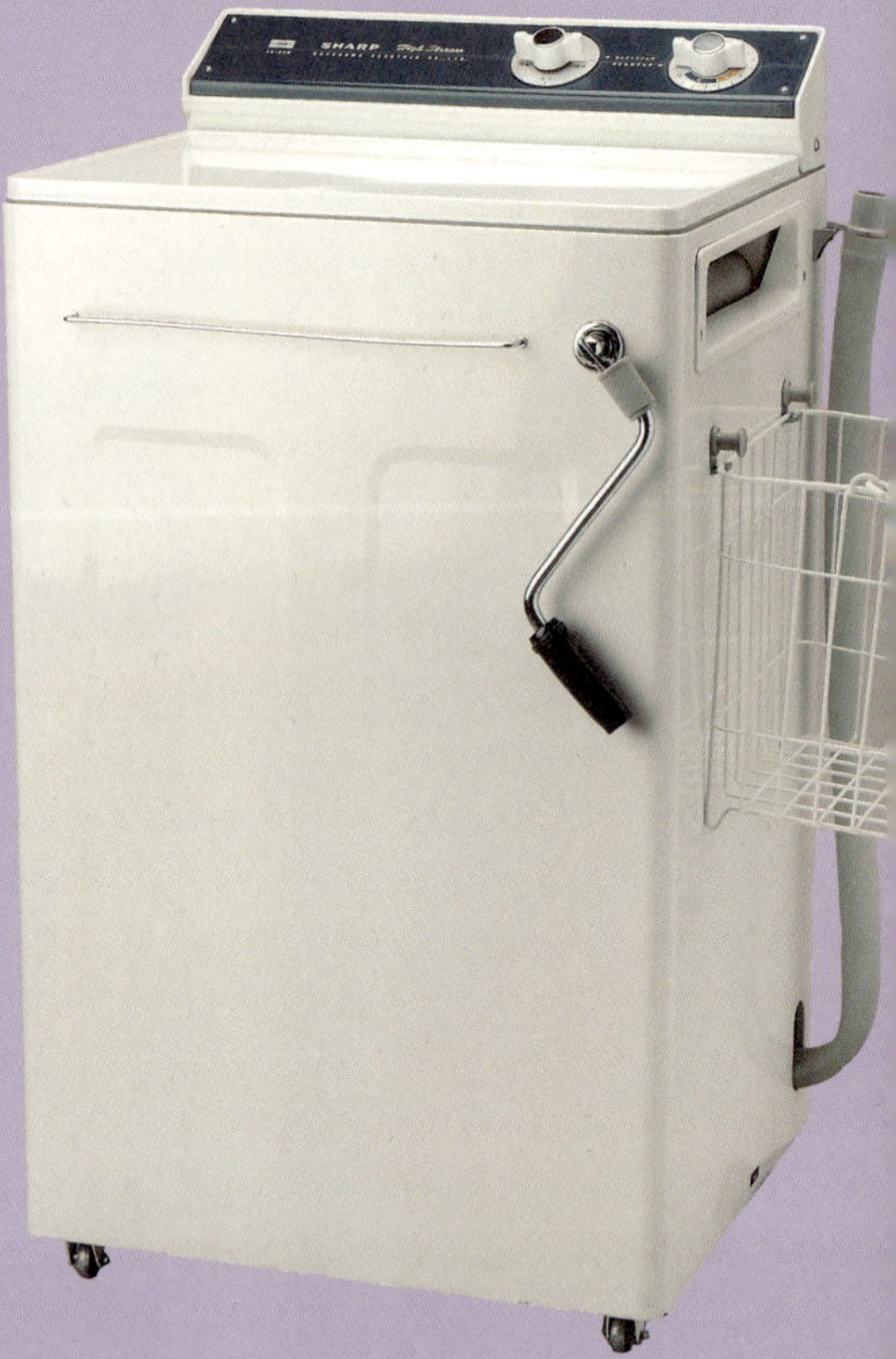

渦巻式は底にある回転翼が回って洗濯物を洗う

渦巻、排水と機能を選ぶセレクトスイッチ（左）とタイムスイッチ（右）

電気洗濯機の普及率の推移　（内閣府「消費動向調査」より）

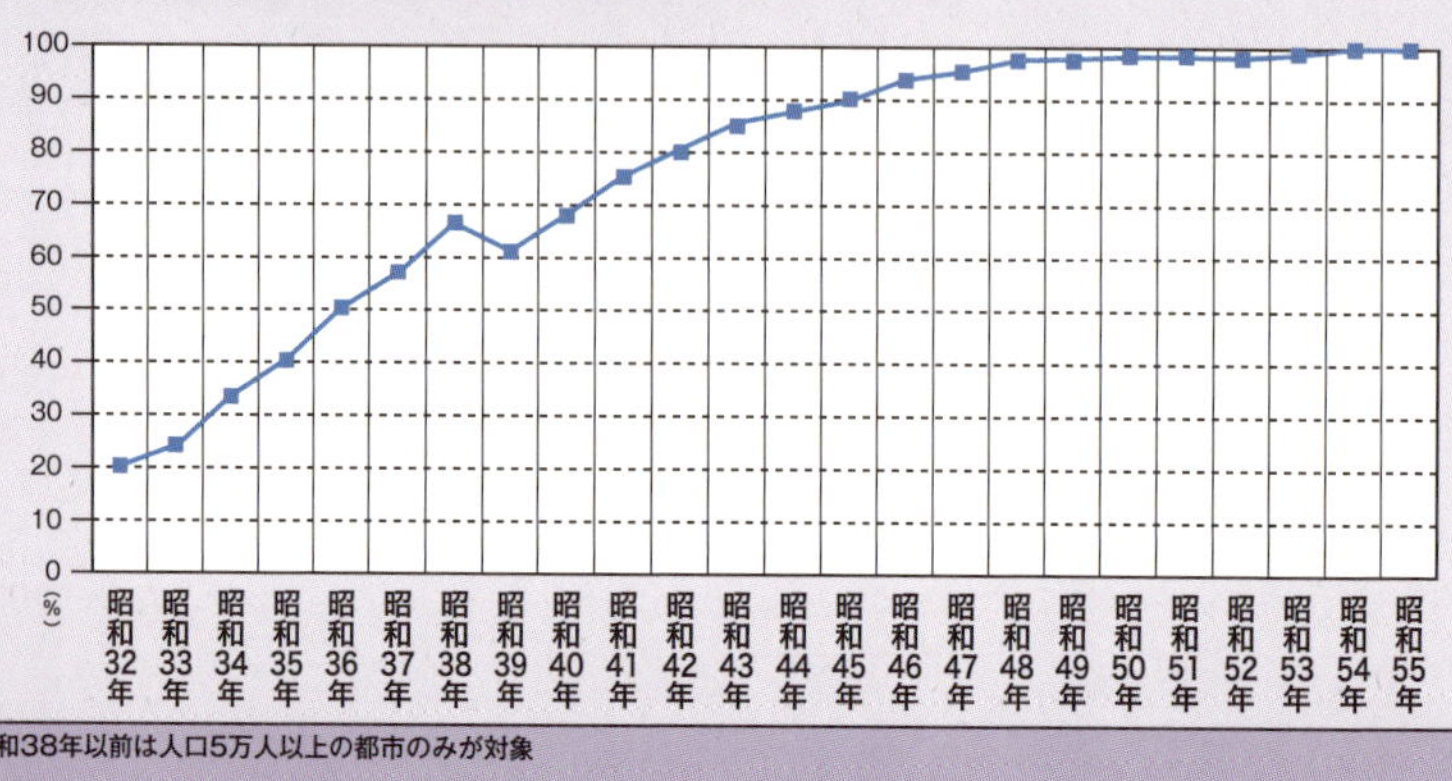

※昭和38年以前は人口5万人以上の都市のみが対象

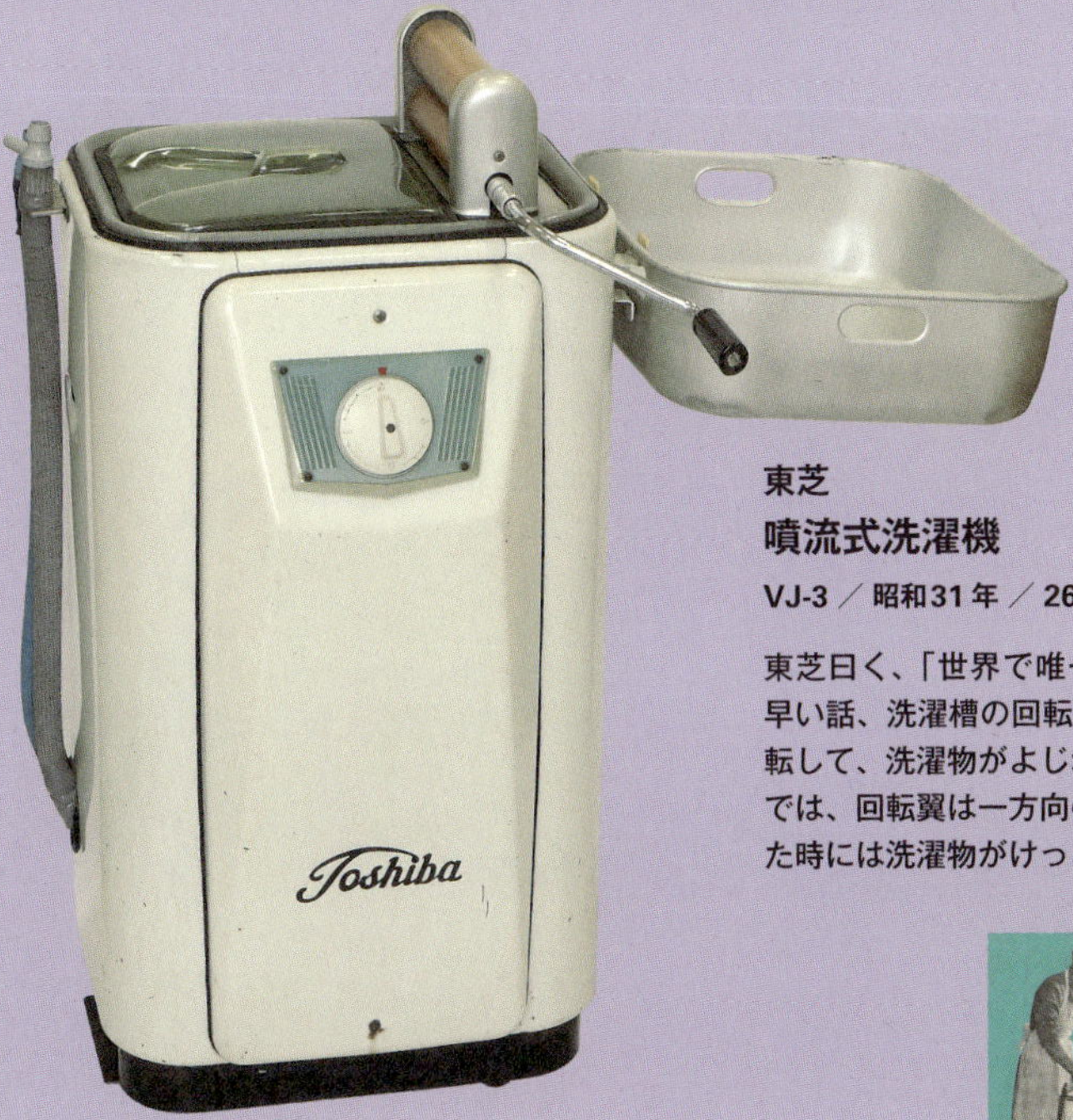

東芝
噴流式洗濯機

VJ-3 ／ 昭和31年 ／ 26,500円

東芝曰く、「世界で唯一の新機構 自動反転噴流式」。早い話、洗濯槽の回転翼が30秒ごとに左右交互に回転して、洗濯物がよじれない機構のことです。それまでは、回転翼は一方向のみでしたので、洗濯が終わった時には洗濯物がけっこう絡まって大変でした。

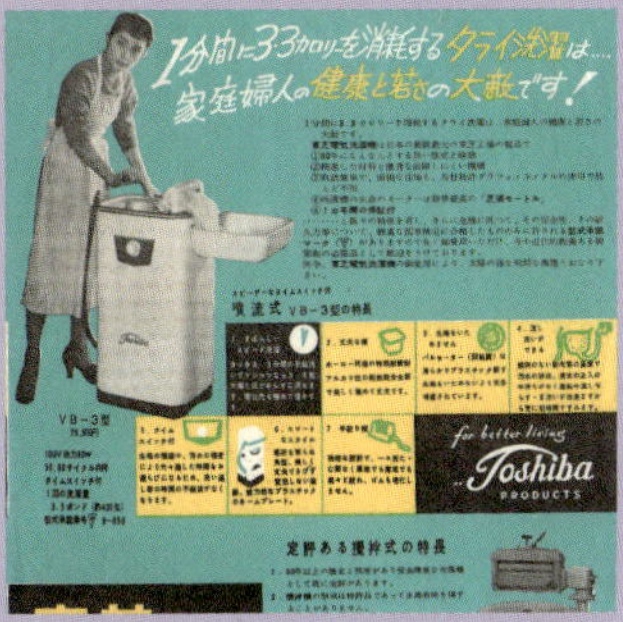

当時の広告「1分間に3.3カロリーを消耗するタライ洗濯は…家庭婦人の健康と若さの大敵です！」

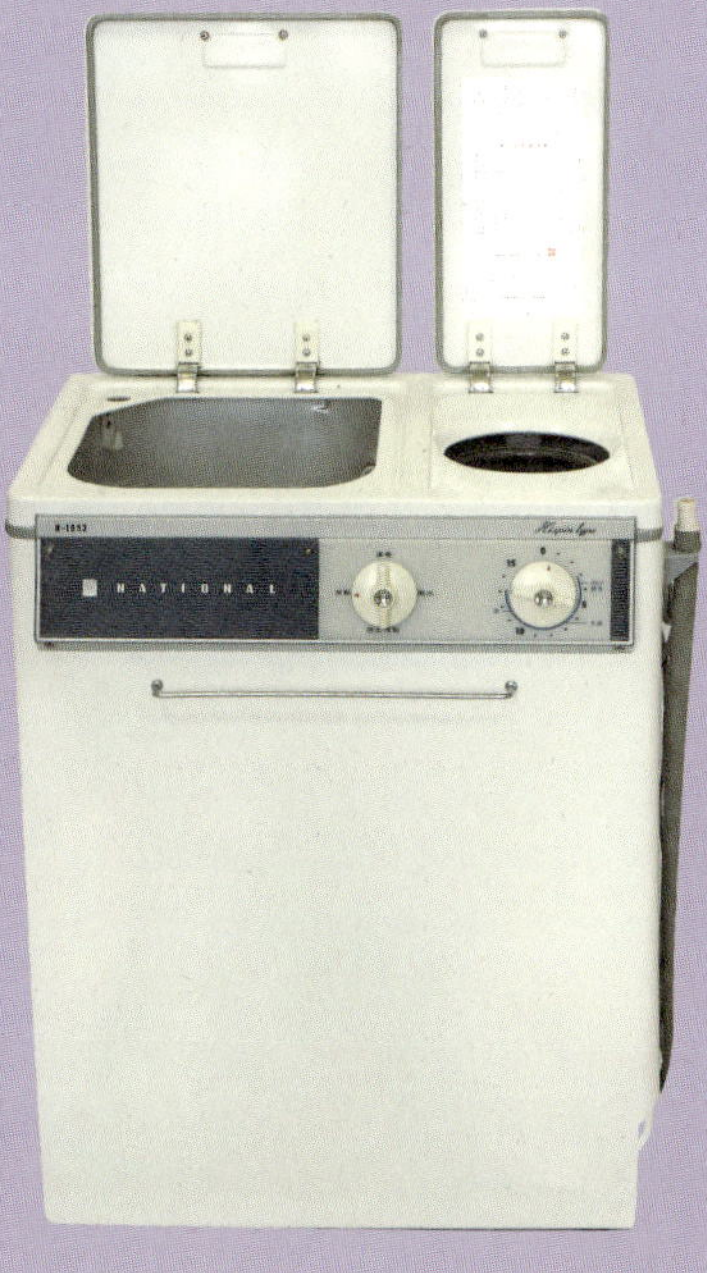

松下（現 パナソニック）
自動脱水洗濯機（二槽式洗濯機）「ダブル」

N-1052 ／ 昭和38年 ／ 29,900円

電気洗濯機は当初、洗う機能だけで、そこにローラーの絞り器がついていました。また普及はしていませんでしたが、遠心力を利用した脱水機は脱水機能のみの単体で別に作られていました。そして昭和35年、三洋電機から洗濯機と脱水機がひとつになった、今でいうところの二槽式洗濯機が発売されました。昭和40年代以降、二槽式は電気洗濯機の主流になっていきました。

神鋼電機（現 シンフォニアテクノロジー）

振動式洗濯機

型番不明 ／ 昭和 30 年前後 ／ 価格不明

電気洗濯機の黎明期、各メーカーはどんな洗い方のものがよいのか試行錯誤して、いろんな方式を作りました。そんななかのひとつ……振動式洗濯機。仕組みは、洗濯槽の底に震動する板があり、洗濯槽の水を共振させて、衣服の汚れを落とそうとするものです。価格が安く、また洗濯による衣服のイタミが少ないという利点はあるものの、汚れが落ちにくい、振動音がうるさいなどの欠点があり、この方式は普及に至らず短期間で姿を消しました。

松下（現 パナソニック）

ホーム脱水機

ND-1000 ／ 昭和 43 年 ／ 17,900 円

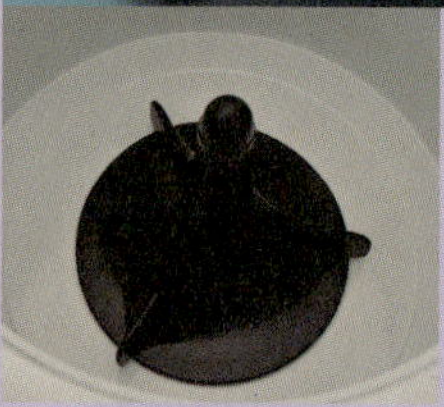

中央の撹拌翼がゴットンゴットン往復運動して洗濯する

松下（現 パナソニック）

撹拌式洗濯機

103 ／ 昭和 29 年 ／ 36,500 円

珍品さん いらっしゃい!

林製作所

カモメホーム洗濯器（人工衛星型）

K-105 型 ／ 昭和 32 年 ／ 4,300 円

……その改良型が「カモメホーム洗濯器 人工衛星型」。世界初の人工衛星、ソ連のスプートニク1号に似ているところから、こう呼ばれるようになりました。電気洗濯機に比べアナログなのですが、思いっきり背伸びをしたモダンなデザインが作った人の遊び心というか気概を感じさせて最高ですね。
価格は電気洗濯機は 3 万円に対し、こちらは 4300 円。安価なうえに使い方も簡単なので 30 万台を超えるヒット商品となりました。海外にも輸出されたとか……。しかし電気洗濯機の普及とともに、徐々に売り上げが低下。昭和 38 年頃に生産中止になってしまいました。

◀ そして改良がおこなわれた結果…

林製作所

かもめ印マジック洗濯器

F 型 ／ 昭和 31 年 ／ 価格不明

昭和 30 年代初め、電気洗濯機が普及しだしたとはいえ、まだまだ高価なものでした。そこで「手動洗濯器」が発売されました。「かもめ印マジック洗濯器」。使い方はいたって簡単。この容器の中にお湯と洗剤、そして洗濯物を入れてフタをして、側面についている取っ手を持ち人間の手で振って攪拌し洗濯するというものです。汚れの落ちる仕組みは、お湯を入れることで空気が温められ、密閉した容器内部の圧力が高まります。その状態で容器を手で振ることにより、圧力のかかった状態で攪拌され、汚れが落ちるとのことです。なんでもこの仕組みは当時、特許も取得したとか。特許も取得した仕組みとはいえ、この容器を持ち、手で振っての洗濯の絵柄は電気洗濯機と比べて、さすがに少々ツラそうな感じがします。翌年、ハンドルを回して容器を回転させる改良型が誕生します。

ご紹介したこれらの洗濯器は、大企業が作る電気洗濯機に敢然と闘いを挑んだ町工場の軌跡ですね。林製作所のような町工場の技術力、そして心意気が日本の高度成長を底辺で支えたのはまちがいありません。

このようにして振ります

松下（現 パナソニック）
電気冷蔵庫
NR-28 ／ 昭和 34 年 ／ 55,000 円

マスダコレクション 05
マス—コレ
台所家電

〝ヌカミソくささ〟からの決別

「〝いつまでも若々しい奥さま〟〝ぬかみそくさい奥さま〟この明暗を生むものは、台所の条件です」（『素晴らしい家庭』東芝）。薄暗く、ジメジメした台所、そして重労働……これから解放すべく家電各社は台所の電化にも取り組みました。まず旧来の道具を電器に置き換え自動化しようと、電気「釜」・電気「鍋」・電気「やかん」……など電気と名のつく製品が数多く発売されました。また食生活の洋風化とともにトースターやコーヒーポット、ミキサーが。そして旧来の道具の枠を超え、電気「洗米機」・電気「缶切り」などいろいろなアイデア製品も誕生します。これらの製品が、台所仕事の軽減に大いに役に立ったのはまちがいありません。「あまった時間はもっと楽しい、希望にみちた生活を築くためにおつかいください」（『たのしいくらしのために』松下電器）。それから50年。当時の理想は、はたして実現されたのでしょうか……。

新しい調理家電の実演を興味津々で見つめる主婦たち
（写真提供：足立区立郷土博物館）

台所家電　年表

昭和	出来事
5	国産第1号の冷蔵庫が発売される（昭和15年 戦時体制のため、製造中止となる）
23	ミキサーが発売される（家庭ではほとんど購入されず、営業用に使われた）
24	電気オーブンが発売される
27	一般家庭向けの小型冷蔵庫が発売される
28	電気ゆで卵器が発売される
30	火加減を自動でできる自動式電気釜が発売される ジューサーが発売される ポップアップ型トースターが発売される
34	熱源を上面に取りつけた煙の出ない魚焼器（ロースター）が発売される
36	冷凍食品が保存できるフリーザーつきの冷蔵庫が発売される タイムスイッチつき電気釜が発売される 業務用電子レンジ発売
37	霜取方式の自動化タイプが主流となる
40	冷蔵庫の普及率が50％を超える オーブントースター発売
44	冷凍室を独立させた2ドアタイプの冷凍冷蔵庫の普及が本格化し始める
49	電磁調理器が発売される

（参照：家庭電気機器変遷史および家庭電気文化会 HP ほか）

家事見習いなしで花嫁になれました

東芝

自動式電気釜

ER-5 ／ 昭和 31 年 ／ 4,500 円

この一品をもって、日本の台所の電化は幕を開けたといっても言いすぎではないでしょう。昭和30年12月に東芝から自動式電気釜が発売されました（写真は翌年に発売された1升炊きER-5）。スイッチひとつで失敗なく自動的にご飯が炊ける電気釜の誕生です。ご存じない方のために自動式電気釜以前の炊飯事情について少々……。今ではスイッチ１つで簡単にご飯を炊くことができますが、当時は途中の炊き具合を見ながら、そしてご飯を炊く量によっても季節によっても、火加減・水加減を人間が長年の勘を頼りに変える必要がありました。焦げつかしたり芯があったりと失敗も結構あったようです。「三度炊く飯さえ固し　軟らかし　ままにならぬこの世なりけり」などと言われたものでした。『家電今昔物語』（山田正吾・著　三省堂）によると「ご飯の炊き方ひとつで、お姑さんからやかましく言われていた私たちの苦労を、娘にはさせたくなかったがこれで解決しました」、「家事見習なしですぐ花嫁になれる」など、東芝には多くの感謝の言葉が寄せられたそうです。

東芝

マツダ時間スイッチ

#3006 ／ 昭和 32 年 ／ 1,700 円

当時の電気釜にはまだタイマーがついていませんでした。今まで家族のなかでひとり、朝早く起きてご飯を炊いていたお母さん。この別売のタイマーと電気釜を合わせて使うことにより、朝起きた時にはおいしいご飯が炊けているということで、主婦の睡眠時間を１時間延ばしたと大好評。しかし、電気釜の発売当初は「寝ている間にご飯を炊くなんて、そんなダラシナイ心がけの女房は失格だ！」などと逆風もあったようです。今なら逆に抗議の嵐を受けそうなご意見です。

三洋
自動電気釜
EC-601 ／ 昭和32年 ／ 4,150円

この取扱説明書のお二人は、女優の木暮実千代さんと松島トモ子ちゃん。当時、三洋電機では木暮さんを「サンヨー夫人」として広告に起用していました。このサンヨー夫人の設定は、「美しく、ちょっぴりヌカミソくさく、中年の安定した賢い主婦」だそうです。ヌカミソくさい……なんてもう死語に近いですね。時代を感じさせます。ほかにも三洋電機では、長嶋茂雄さん、香川京子さん、桑野みゆきさんなどが広告に登場しました。

三菱　電気釜
N-1／発売年不明／3,980円（昭和31年での価格）

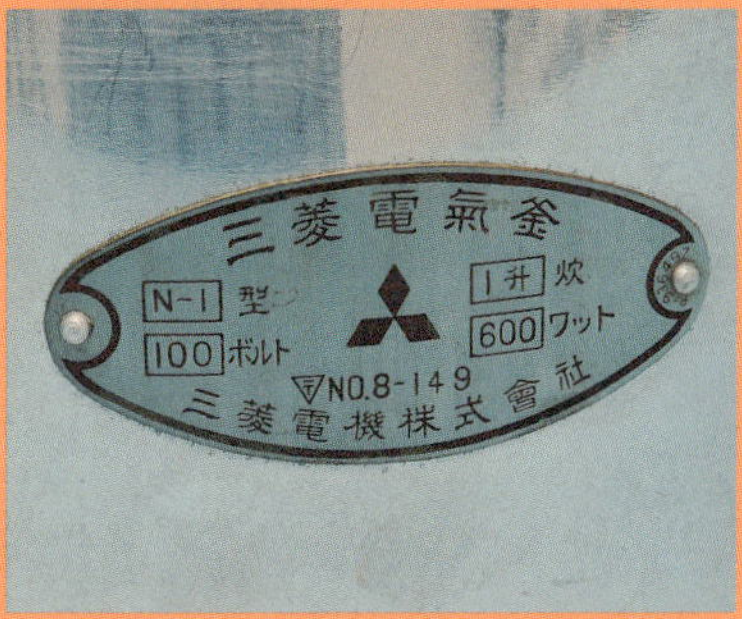

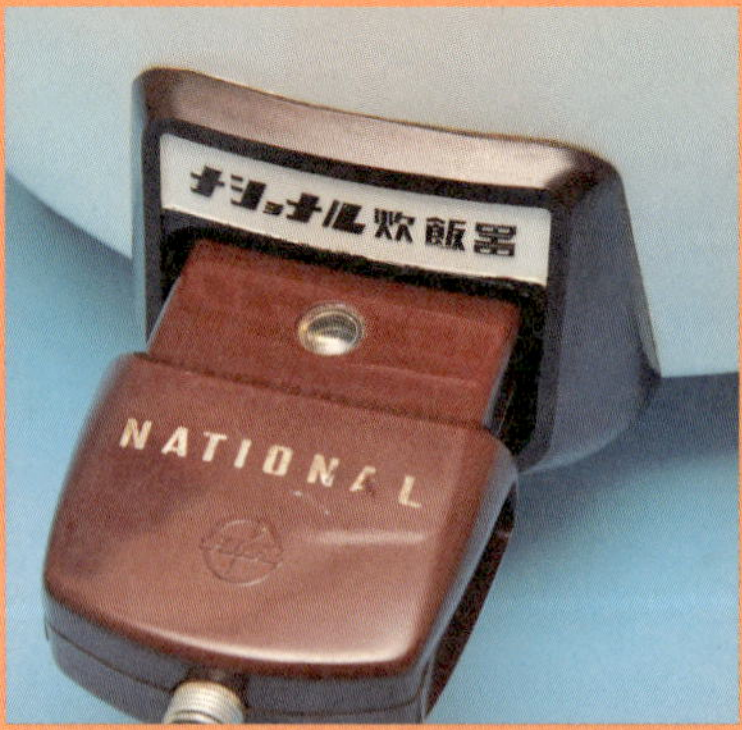

松下（現 パナソニック）

CR 式自動炊飯器

NB-63 ／ 昭和 33 年 ／ 4,500 円

「ナショナル炊飯器」の表示。かなりの手間をかけて作られています。まず凹凸をつけた表示の金型を作製。その金型に素材をプレスして、この刻印を作ります。次に着色。下地の白色部分は注射器のようなもので、ひとつひとつ手作業で色入れをします。炊飯器の「器」なんて大変です。最後に、はみ出した絵具をふき取って……と、なんとも手間のかかる作業です。当時のデザイナーさん曰く「家電品はまだまだ高級品で、この表示はある意味、製品の顔」という思いがあったようです。

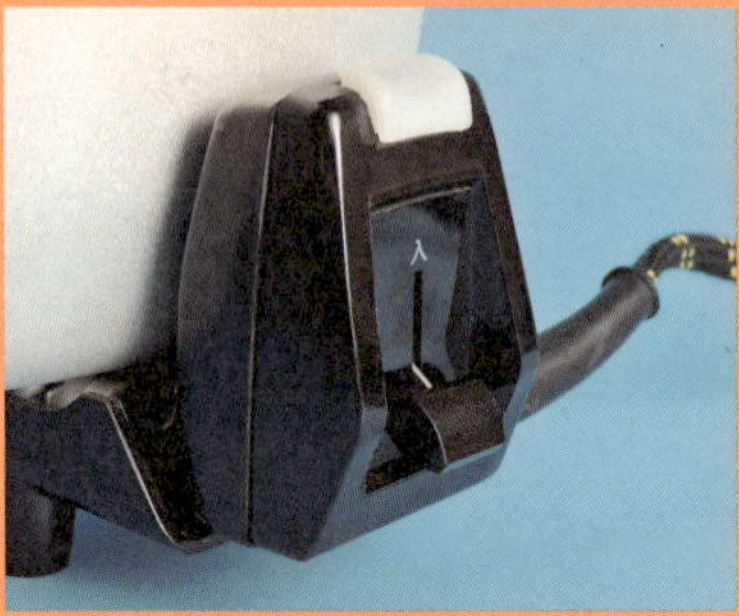

東芝

自動式電気釜（安全防水一重釜）

RC-100A ／ 昭和 37 年 ／ 3,500 円

珍品さん
いらっしゃい!

田中電機製作所
高級家庭用米洗器「お手伝さん」

昭和 30 年代 ／ 2,600 円

昭和 36 年に早川電機（現 シャープ）から電動の洗米機が発売されました。一方こちらは電気は使わずに、水道の圧力を利用してお米を洗います。今も業務用でよく使われている水圧洗米器と呼ばれるもので、これはその家庭用です。使い方はいたって簡単。ホースを蛇口につなぎ水を出せば、上から噴水のように水とともにお米が真ん中のパイプを循環して洗う仕組みです。手間が省けるのはもちろんですが、お米が割れないという利点があります。調べてみると、今も（仕組みはいろいろですが）、小型の家庭用があるようです。余談ですが、「お手伝さん」というわかりやすいネーミング。これもお米と同様にイイ味出していますね。

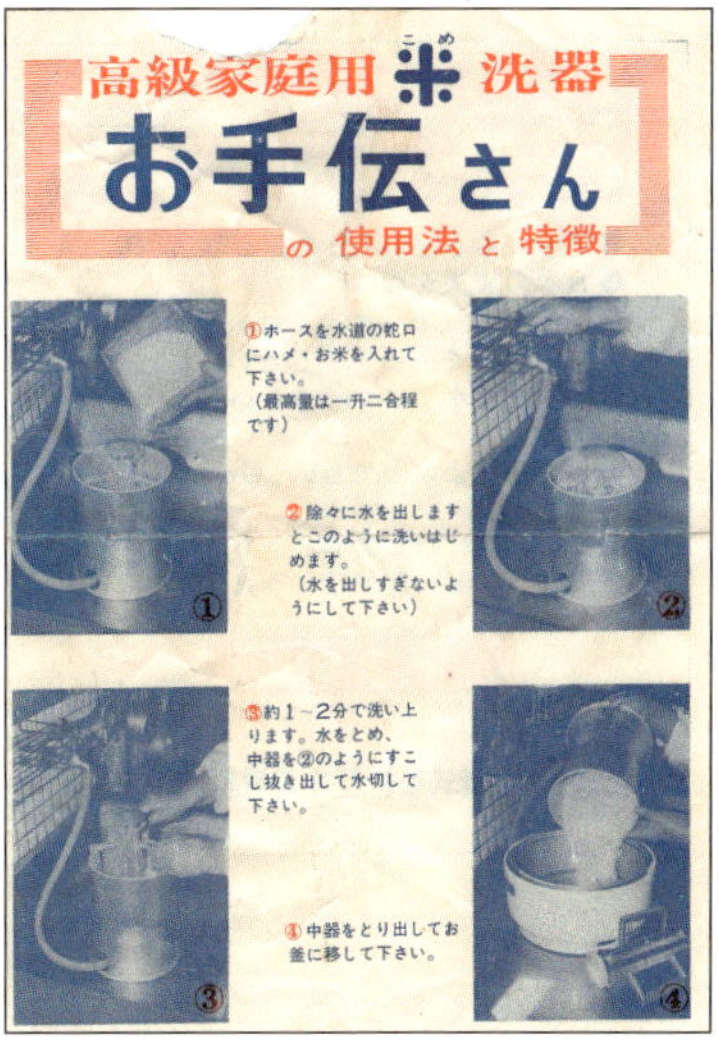
高級家庭用米《こめ》洗器
お手伝さん
の使用法と特徴

①ホースを水道の蛇口にハメ・お米を入れて下さい。
（最高量は一升二合程です）

②除々に水を出しますとこのように洗いはじめます。
（水を出しすぎないようにして下さい）

③約1～2分で洗い上ります。水をとめ、中器を②のようにすこし抜き出して水切して下さい。

④中器をとり出してお釜に移して下さい。

写真付きで使い方を丁寧に解説してくれています

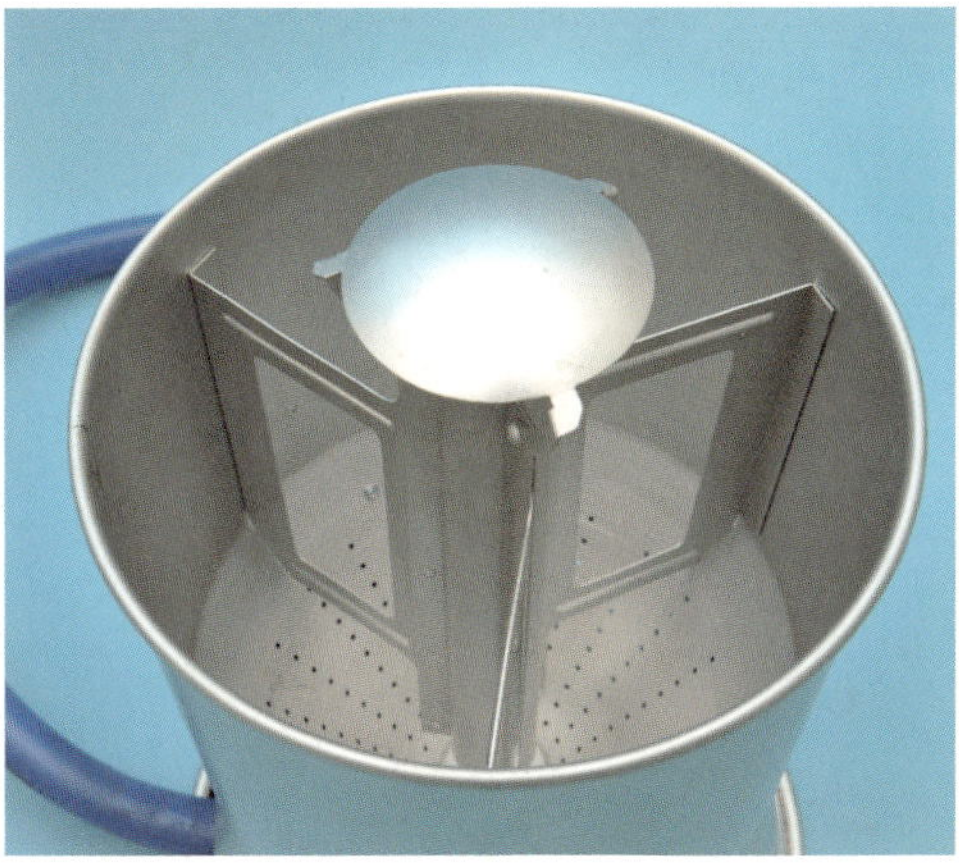

真ん中のパイプを水とともにお米が循環します

マスダコレクション 05
マス―コレ
台所家電

冷たいビールと麦茶で パパも子どもも大満足

電気冷蔵庫の普及は三種の神器のなかではいちばん遅く、普及率が50%を超えたのは昭和40年でした。昭和30年代は毎日買い物に行く家庭も多く、豆腐や納豆、シジミなど毎日売りに来てくれていました。また牛乳は毎朝配達してくれる。冷蔵庫で食品を保管する必要がさほど感じられなかったようです。また当初、冷蔵庫は一年中は使用せずに、夏の間だけ使う家庭も多かったようです。

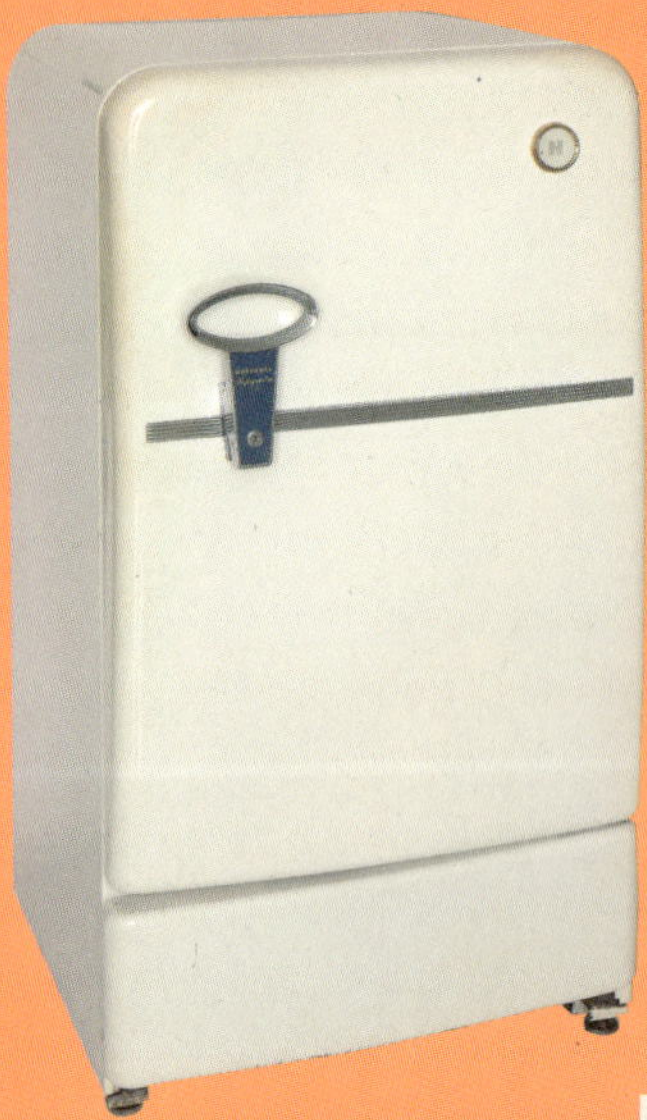

松下（現 パナソニック）
電気冷蔵庫
NR-28 ／ 昭和 34 年 ／ 55,000 円

昭和 30 年代の冷蔵庫の外観の特徴といえば、丸みを帯びたボディーと扉の取っ手。その典型といえそうなかわいい冷蔵庫です。この冷蔵庫、扉になぜか鍵がついています。宣伝文句は「世界の話題を呼ぶ！　カギつきのフェザータッチドア」。本当に世界の話題を呼んだのでしょうか……。

「この喜びをあなたのご家庭に！」。どうです冷蔵庫を囲んだ一家の写真。冷蔵庫が我が家に来ることが、いかに一家の嬉しい出来事だったのかが想像できます

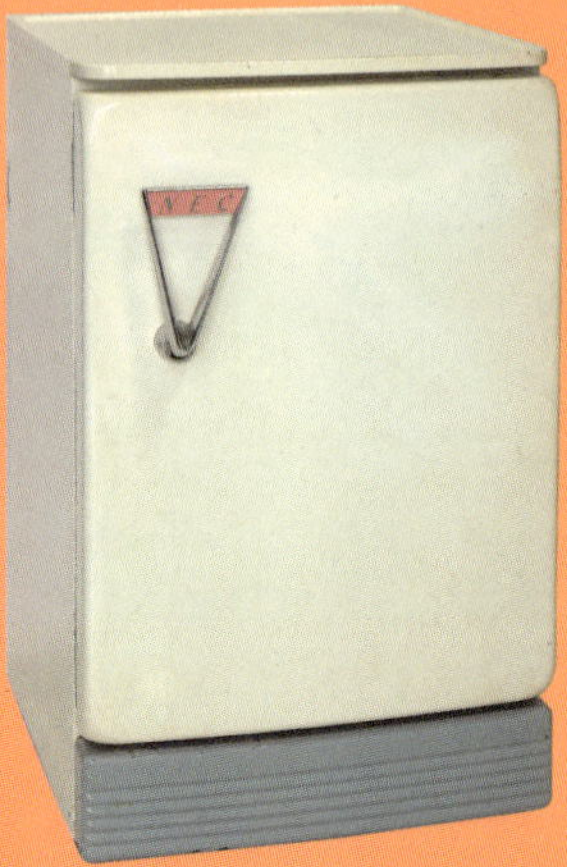

NEC
電気冷蔵庫
NR-1654 ／ 昭和 35 年 ／ 39,500 円

三和
氷冷蔵庫
昭和 30 年代 ／ 価格不明

電気冷蔵庫が普及するまでは氷冷蔵庫が使われていました。使われていたといっても、氷屋さんから氷を配達してもらうことが可能な地域で、そしてその氷を毎日買うことができるような少々余裕のある家庭に限られました。

フタワ
氷冷蔵庫
昭和 30 年代 ／ 価格不明

パッと見たところ電気冷蔵庫のようですが、じつは氷冷蔵庫なんです。高価で手が出ないけど、気分だけでも電気冷蔵庫を味わおうとしたのでしょうか……。しかしただのナンチャッテ電気冷蔵庫ではありません。ボディ右上には「通産大臣賞 授賞」と誇らしげなエンブレムが。おまけに JIS マークまで。戦前から続いた氷冷蔵庫の系譜が、電気冷蔵庫に押されていよいよ風前の灯火の頃。なにやら電気冷蔵庫に“最後っペ”をかましたような、けなげさを感じます。

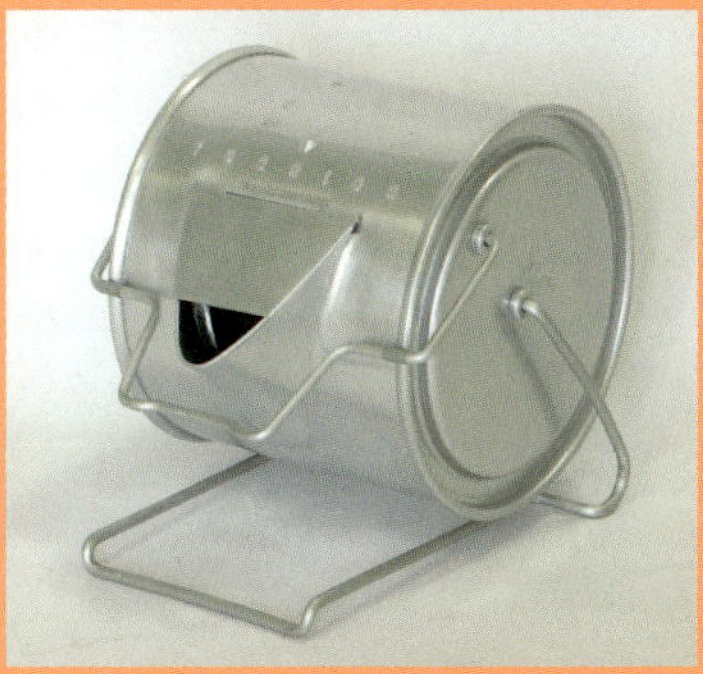

東芝
冷水器
TW-15 ／ 昭和 34 年 ／ 380 円

冷水器といっても、冷たい水をつくるものでありません。この冷水器に水を入れて冷蔵庫の中に入れておくと（当たり前ですが）冷たい水になる……それだけのものです。セールスマンカタログには「各種の飲物を入れて冷蔵庫内の棚にのせるだけで、即座に冷たい美味しいお飲みものができます」と紹介されていました。即座に！とはチョッと大げさに思いますが……。電気冷蔵庫がまだ高嶺の花の頃、「水を冷やす」ことにも、高級感やありがたみを演出したかったのでしょうね。

「戦後の闇市の粗悪品とは違います」

昭和26年の関西電力の調査では、家庭において電熱器は、意外にもラジオ、アイロンに次いで普及していました。これは戦後まもなくの頃、都市部では空襲で都市ガスの供給施設は破壊され、また薪や炭もなかなか手に入らない。そこで電熱器がよく使われたからです。しかし当時は、すぐに切れる粗悪な電熱線のものも多かったようです。またみんなが一斉に電気を使うために停電も頻発。そんな電熱器のお話も遠い昔のこととなってしまいました。

東芝
電気コンロ
HP-601 ／ 昭和 33 年 ／ 800 円

この電気コンロが世に出た昭和 33 年は、まだまだ戦中、戦後の記憶が生々しかった頃です。取扱説明書の文章からも、そんな世相がうかがえます。「電気コンロというと、戦中、戦後のマーケットに並んだ粗悪な電気コンロを思い出される方があるかもしれません。しかし…(中略)…東芝電気コンロ HP-601 型は、外からみてもまた内容もそういう昔のものはおろか、今までの電気コンロと全く違う高い性能をもったものでございます」。ただ熱するだけの電熱器にとどまらず、デザインも丁寧に作られたのがわかります。

松下（現 パナソニック）
ナショナル電気コンロ角型
型番不明 ／ 昭和 29 年 ／ 750 円

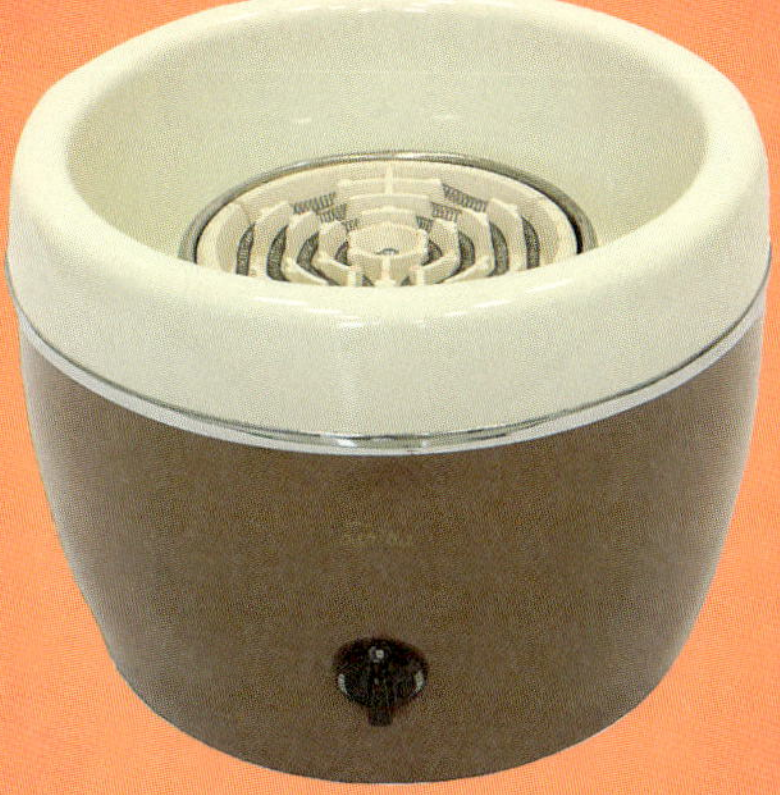

東芝

電気安全コンロ（火鉢兼用）

HP-602A ／ 昭和 36 年 ／ 1,980 円

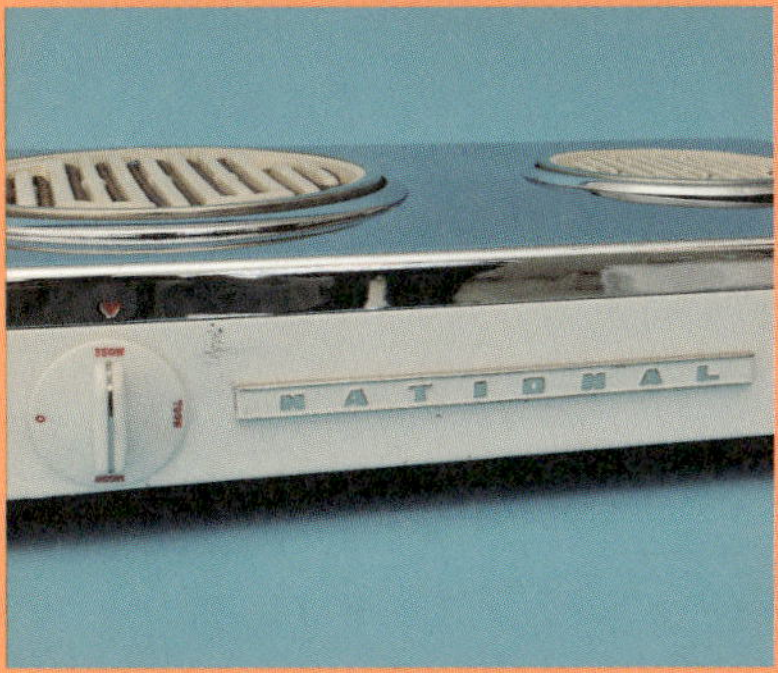

松下（現 パナソニック）

2 連式コンロ

型番不明 ／ 昭和 31 年 ／ 4,850 円

2 台のコンロを使うと 2kW。20A（アンペア）の電流が流れます。当時、家庭の電力事情は（東京電力を例にとると）、契約ごと各戸に電流制限器が設置され、電気を使いすぎて、契約以上の電流が流れるとブレーカーが落ちていました。電流の区分は 5 ～ 30A。この 2 連式コンロを支障なく使うことができる 30A で契約していた家庭は、全契約世帯数* のわずか 1%（昭和 31 年）。1% の世帯でしか使えなかったコンロ。なかなかのぜいたく品です。

＊全契約世帯数は定額電灯契約と電流制限器のある従量電灯契約を合わせた総数です。

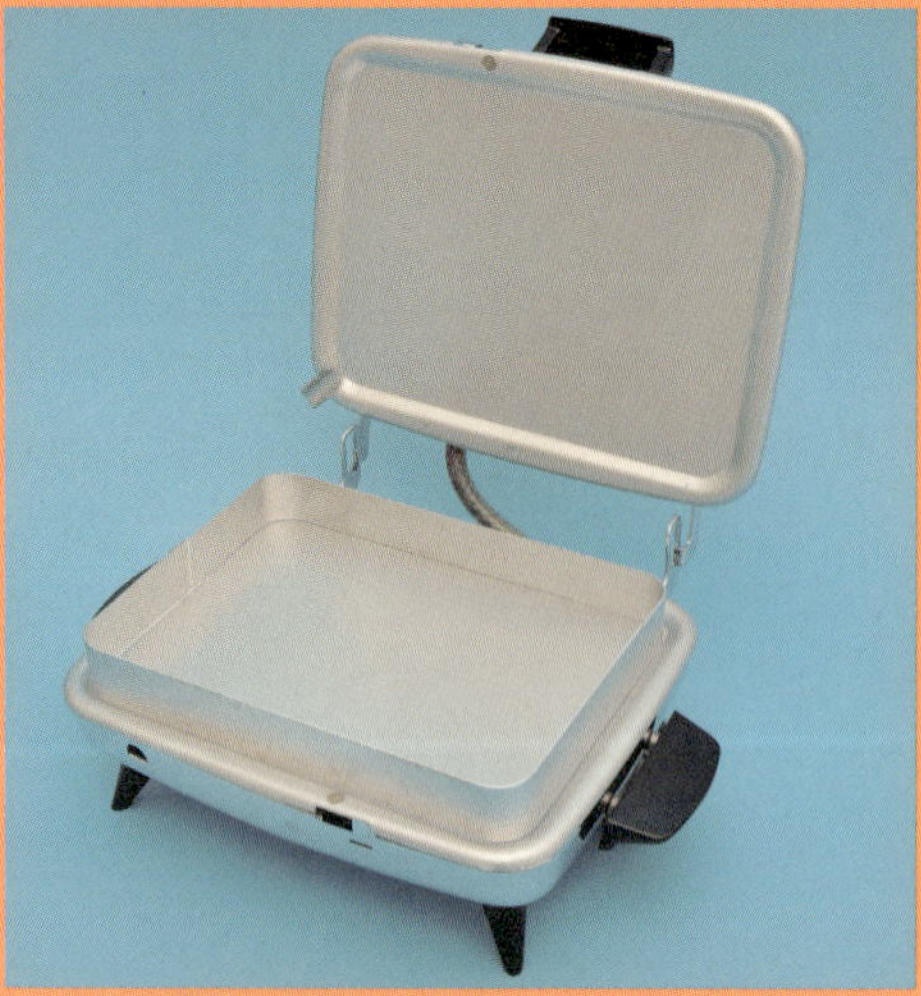

東芝
テーブルグリル
TG-61 ／昭和 36 年／ 3,850 円

東芝
フィッシュグリル
FG-606 ／昭和 37 年／ 2,250 円（受皿 200 円）

熱源を上部のふた裏にもってくることで、魚からの油が落ちても、煙を出さずに魚を焼くことができる魚焼き器。各社から発売されヒットしました。この製品ではサンマなど長形の魚もそのまま焼けるようにと、従来品より長方形になりました。また別売のホーロー製受皿を使えば、取り外して丸洗いができるので後始末も便利なようになっています。

三菱
電気鍋（普及型）
NB-2 ／昭和 33 年／ 2,700 円

三菱

電気ホーコー

NB-802 ／ 昭和 40 年 ／ 3,980 円

ホーコー（火鍋）とはあまり聞きなれない中華料理。当時の人も同じように思ったのでしょう。広告では、まずホーコーの説明からひとくさり。「美食の国中国で3000年も大切に伝えられてきた火鍋。もっともおいしい鍋料理がつくれると言われます。この味を今度はご家庭でも気軽に楽しんでいただきましょう。炭火のかわりにスイッチひとつ ― 三菱の新しい電気火鍋です。中華料理はもちろん、寄せ鍋・水炊き・湯どうふ…にも本格派の味をお約束します」。〝本格派の味をお約束します〟……これはなかなかの自信作とお見受けしました。写真は日本初の電気ホーコー NB-601（昭和 39 年発売）の好評を得ての後継機種です。鍋の真ん中ではお銚子を入れて燗もできるなんとも心憎い気配り！

日立

ラーメン鍋

PC-310 ／ 昭和 41 年 ／ 1,700 円

手軽に即席ラーメンを、食卓や机の上で作ることができます。またできあがると内鍋は取り出せば、食器としてそのまま使えるようになっています。ほかにも簡単な水たき、鍋焼きうどん……。最近ではデパ地下などで“一人鍋”セットが人気だとか。さしずめこの日立ラーメン鍋は、それを50年前に先取りしていたのかもしれません。

側面のフタを開閉して片面ずつパンを焼きます

東芝

ターンオーバー型トースター

TT-1 ／ 昭和 27 年頃 ／ 1,990 円

初期のトースターです。フタを開けるとパンがすべて裏返しになり、再度フタを閉じてもう片面を焼くという仕組み。側面の穴は焼け具合を見るため、そしてパンの表面の水分を逃がすため。これによりパンの表面はカリッそして内部はしっとりと焼けるとのこと。

しかし『暮らしの手帖』の花森安治さんによると、この頃のトースターは「不便で、しかもアミで焼いた方がうまく焼ける」（朝日新聞　昭和 29 年 8 月 29 日）とテキビシイご意見です。

松下（現 パナソニック）

2 連式トースター

2TK ／ 昭和 32 年 ／ 1,700 円

宣伝文句は「2 枚のパンが裏表同時に焼けます」。パンの両面が同時に焼けるようになりました。しかし焼け具合をみて、手動でパンを上に出さなければなりません。焼き上がると自動的にパンが上に飛び出すものはまだまだ高価でした。それでも同時に両面が焼けるようになったのは、結構助かったのではないでしょうか。「お台所の合理化のために、近代的な電化器具をどうぞ……」（ナショナル全製品カタログ）。

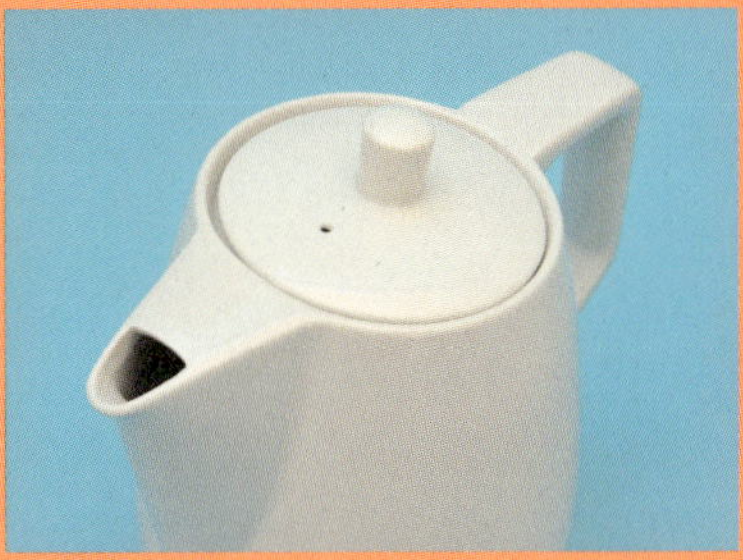

東芝
陶磁器製電気ポット
PL-52 ／ 昭和 36 年 ／ 870 円

セールスポイントは、差し込みプラグを外せば本体が丸洗いできることという磁器製ポット。和洋室にマッチするデザインで、手ごろな価格で贈答品にも最適だとか。たしかに一般的だったアルミ製のポットと違い、これで沸かしたお湯で入れたお茶は、なにか美味しそうな気がします。

松下（現 パナソニック）
電気ポット
NC-33 ／ 昭和 35 年 ／ 1,980 円

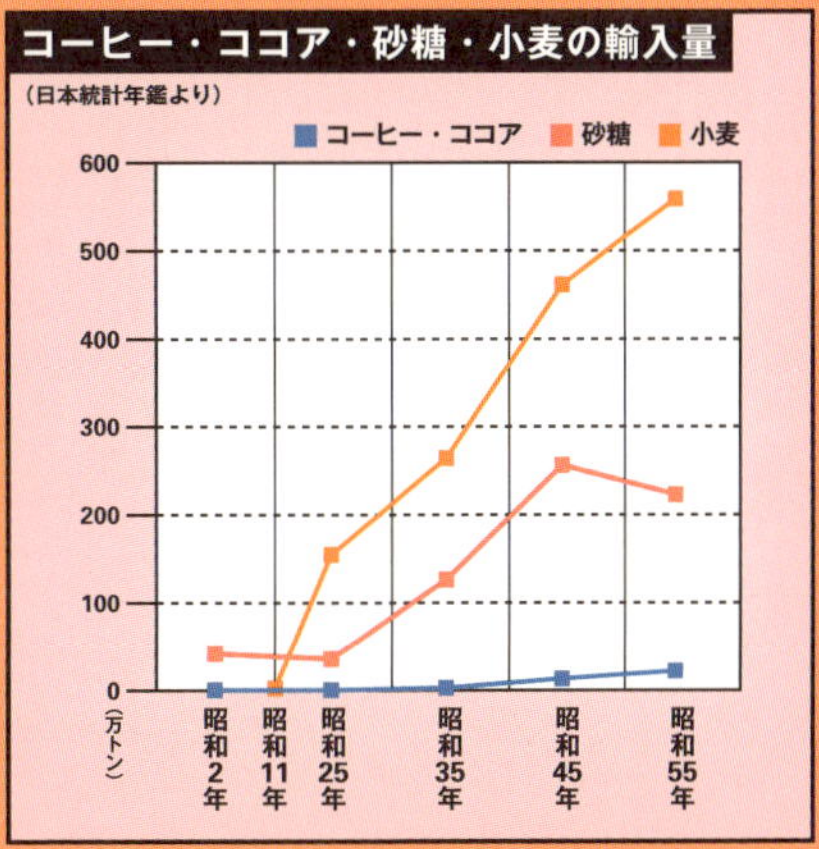

若さの秘けつは野菜ジュースにあり

昭和20年代後半、ちょっとしたミキサーブームが到来。昭和26年に発売されたハウザー博士の著書『若く見え長生きするには』(雄鶏社)のなかで、「新鮮な生きた野菜、果実のジュースこそは生命と活力の源……」と紹介され、野菜ジュースが脚光を浴びたことがきっかけでした。そんなミキサーブームのその後はというと……。昭和30年11月の『東電グラフ』(東京電力)には「一時はミキサーが流行して、私の周囲は軒並み買ったのですが、今では十人が十人使っていないのですよ」と主婦の声が載っています。どうやら「若く見え、長生きする……」につられ買ってみたものの、一時的なブームに終わったようです。

ジュース作りのほか料理にも使ってもらおうとレシピ集の表紙にはたくさんの食材が描かれています

三洋
ミキサー
SM-50 ／ 昭和 29 年 ／ 12,500 円

松下(現 パナソニック)
ミキサー
MX-82 ／ 昭和 36 年 ／ 8,900 円

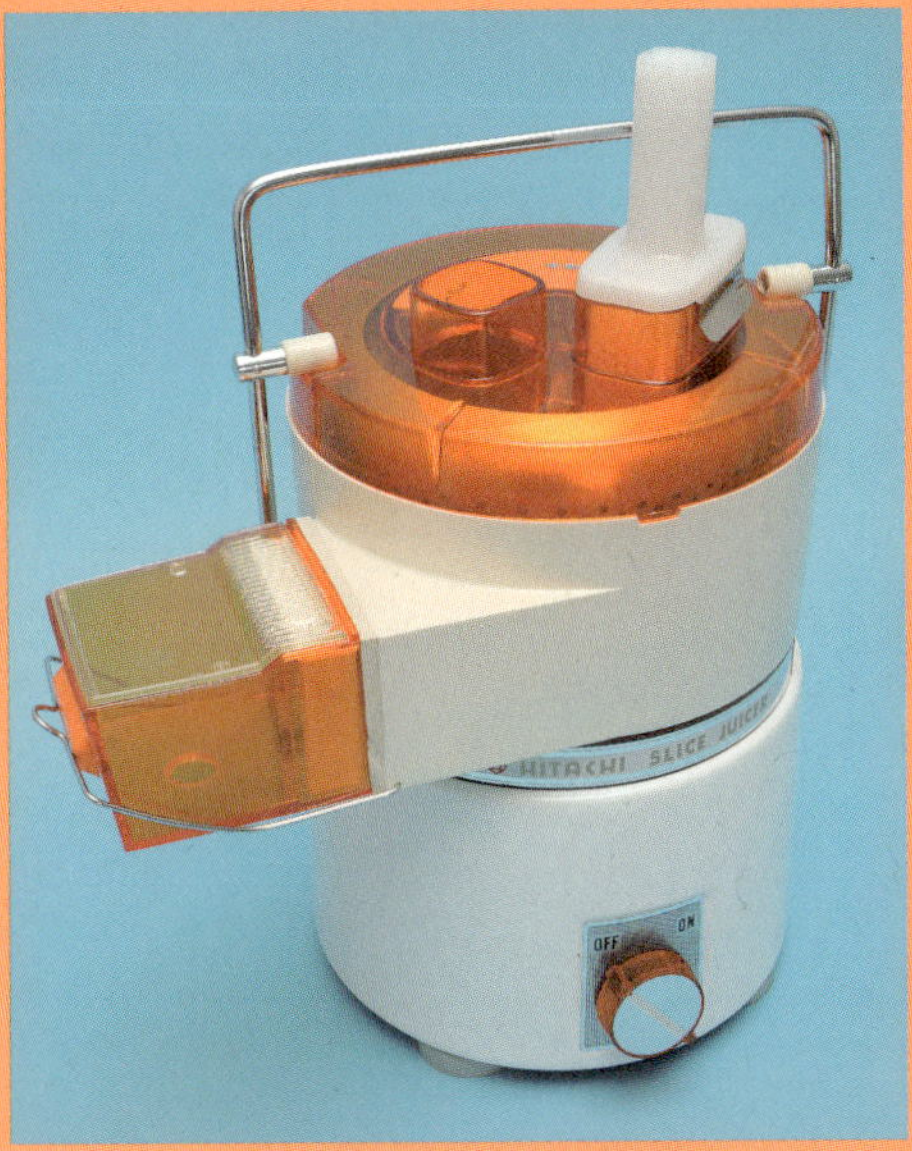

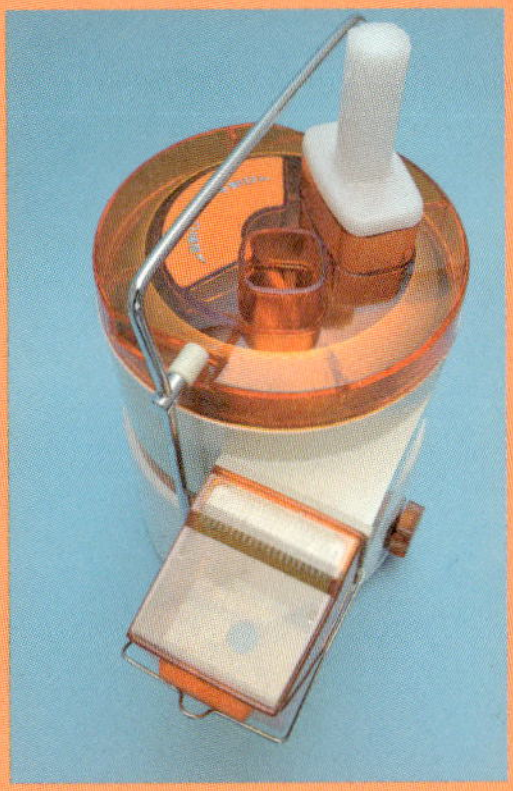

日立
スライスジューサー
HJ-100 ／昭和 38 年／ 10,800 円

珍品さん
いらっしゃい!

関西工業
Victar Mixer
型番不明 ／昭和 30 年代／価格不明

手回し(手動)ミキサーです。ハンドルを回すとガラスボトル内の刃が回転し、ジュースのできあがり！　当時、もちろん電気ミキサーは発売されていましたが、手動のほうが安価だと電気ミキサーに果敢にも闘いを挑んだ製品です。昭和 30 年代、同じように出始めた各種電化製品に対して闘い!? を挑んだものが沢山ありました。電気洗濯機に対し手回し洗濯器、電子式卓上計算機（電卓）に対し機械式の手回し計算機、電気冷蔵庫に対し氷冷蔵庫……。残念ながら、その多くが電化製品との闘いに敗れ、世の中から姿を消していきました。個人的には先人の想いが感じられて好きなのですが……。

松下（現 パナソニック）
電気オーブン
NB-61 ／ 昭和 35 年 ／ 6,950 円

東芝
電気天火
RA-81 ／ 昭和 35 年 ／ 12,000 円

オーブンと天火……。言い方は違いますが、同じ仕組みの製品です。近ごろでは天火とはあまり言わなくなったようですね。松下･東芝ともに熱源は上のみ、下のみ、上下両方と使い分けができます。ところでこの品物の広告をみると、東芝が「お台所の名コック……」、かたや松下は「名コック 10 人分の腕前！」。広告を見るかぎりでは、名コックが 1 人対 10 人で、松下電器の勝ちのようです。

おやつは母の手作りアイス

昭和30年代初めは、アイスクリームを売っているお店はまだまだ珍しい時代でした。アイスクリームはいわば憧れのお菓子。めんどうな工程があるにしても、家庭で作って楽しめるのは「これは又豪華な夢の実現」(東芝　取扱説明書)だったに違いありません。でもこの頃に冷蔵庫やミキサー、そしてアイスクリーマーを買い揃えることができた家庭は、かなり裕福だったのでしょうね。

サンヨー夫人もにっこり笑顔の三洋「アイスクリーマー」取扱説明書

三洋
アイスクリーマー

SC-1 ／ 昭和 30 年 ／ 5,900 円

ミキサーを利用してアイスクリームを作る機械です。作り方は、牛乳、砂糖、卵などのアイスクリームの材料をミキサーで攪拌。それをアイスクリーマーの中央の筒に入れます。次に筒の外側に、氷と塩を入れます。そしてアイスクリーマーをミキサーの上に乗せ、ミキサーを回転させます。徐々に筒の中のクリームが固まり、アイスクリームのできあがりです。

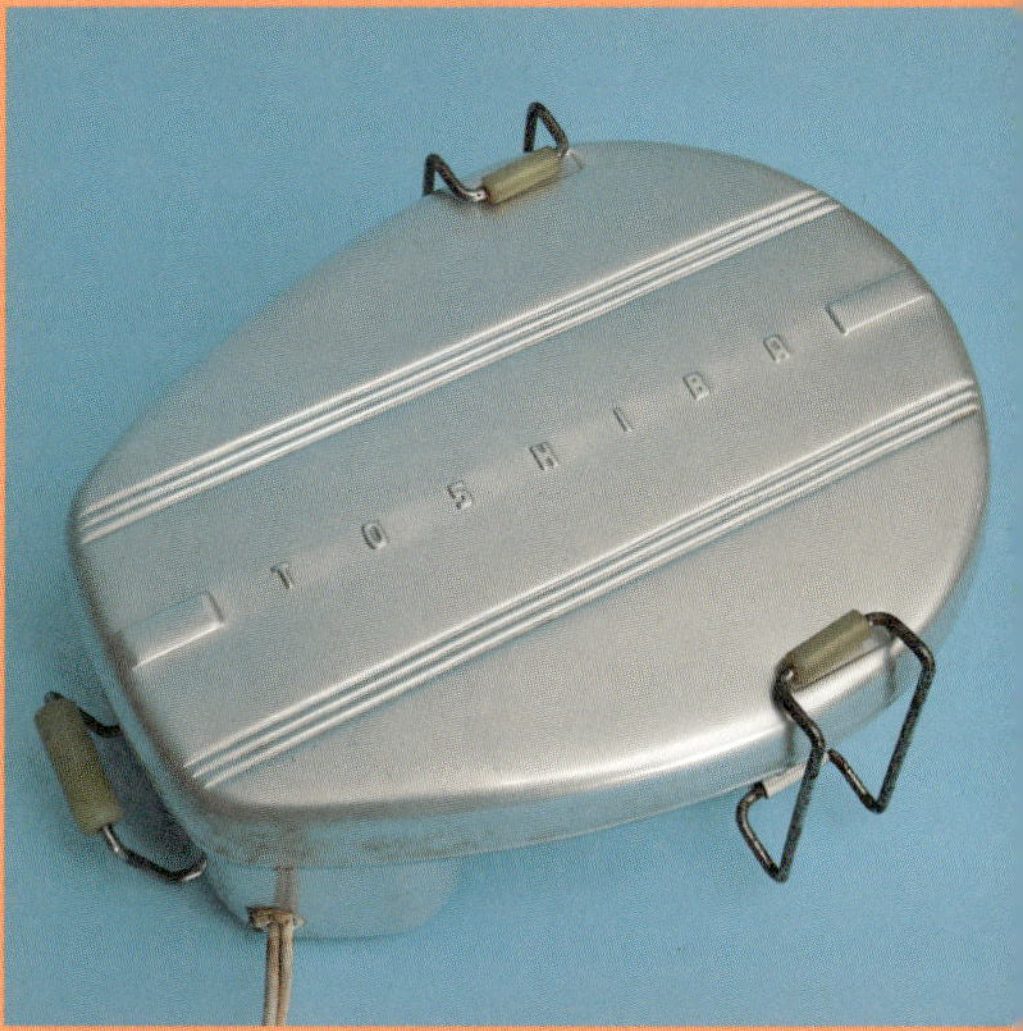

東芝
アイスクリームフリーザー

TIF-1 ／ 昭和 33 年 ／ 5,600 円

電気冷蔵庫を利用してアイスクリームを作る機械です。作り方は、アイスクリームの材料をこのフリーザーに入れます。冷蔵庫のエバポレーター（氷をつくるところ）の底に水をまいて氷の膜を作り、その上に置きます。フリーザーの電源をつなぐと、容器の中の羽根が回転します。徐々に冷えて固まり、アイスクリームのできあがりです。

美容も健康も 電化の時代です

経済白書に「もはや戦後ではない」と記述され、流行語にもなった昭和31年。人々の生活もようやく落ち着き、美容や健康にも関心が向き始めたのでしょうか……。

NHKでは主婦の保健・美容向上を目的に「美容体操」がこの年から定時放送を開始。指導は皇后さまの体操の先生といわれた竹腰美代子さん（後年クレージーキャッツの安田伸さんの奥さま）。そして家電製品にも美容や健康への効果をうたったいろいろな製品が登場しました。

女性モデルをつかって魅力をアピールする松下「ビオライト」のカタログ

松下（現 パナソニック）

低周波治療器「ヘルサー」

型番不明 ／ 昭和 32 年 ／ 4,300 円

取扱説明書は「最も簡単にして取扱い容易且《か》つ経済的な軽便低周波治療器を完成し皆様方にお送りする事になりましたことは、非常に悦ばしいことです」と、なんとも仰々しい一文から始まります。なにやら取扱説明書というより、工場長のスピーチといった感じです。でも開発の苦労と完成した喜びが伝わってくるようですね。

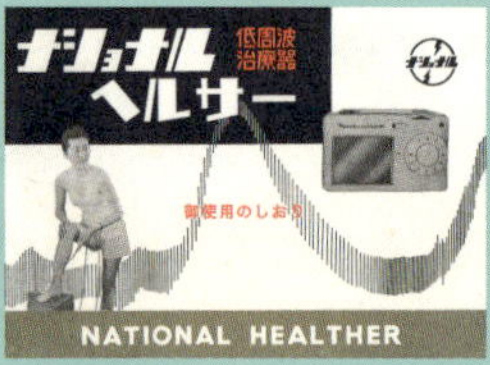

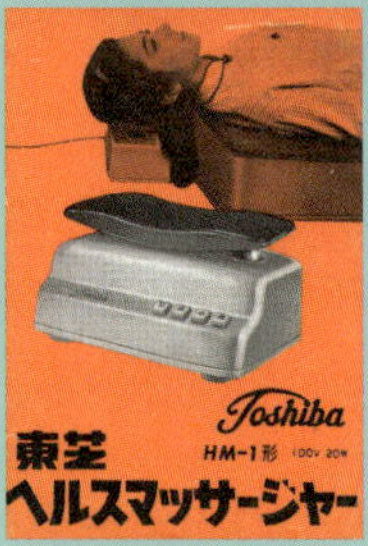

東芝

ヘルスマッサージャー

HM-1 ／ 昭和 35 年 ／ 3,900 円

松下（現 パナソニック）

美容用赤外線器具「ビオライト」

RH-502 ／ 昭和 33 年 ／ 950 円

箱の説明書きには「ナショナルビオライトの赤外線は、皮膚の新陳代謝を促進しますので肌の若さを維持し、美容はもちろん、スポーツマンの保健及び、各種疾患の痛みを和らげ回復を早めます」とありました。でも効能書きは今 読むと、ちょっとホントかなと思えるものも……。「美肌、美顔、にきび、しみ、そばかす…（中略）…薄毛」。え～っ薄毛にも効くんですか！早速、ためしてみようっと !!

松下電工（現 パナソニック）

バイブレーター「保健号」

EV-14 ／ 昭和 38 年頃 ／ 1,600 円

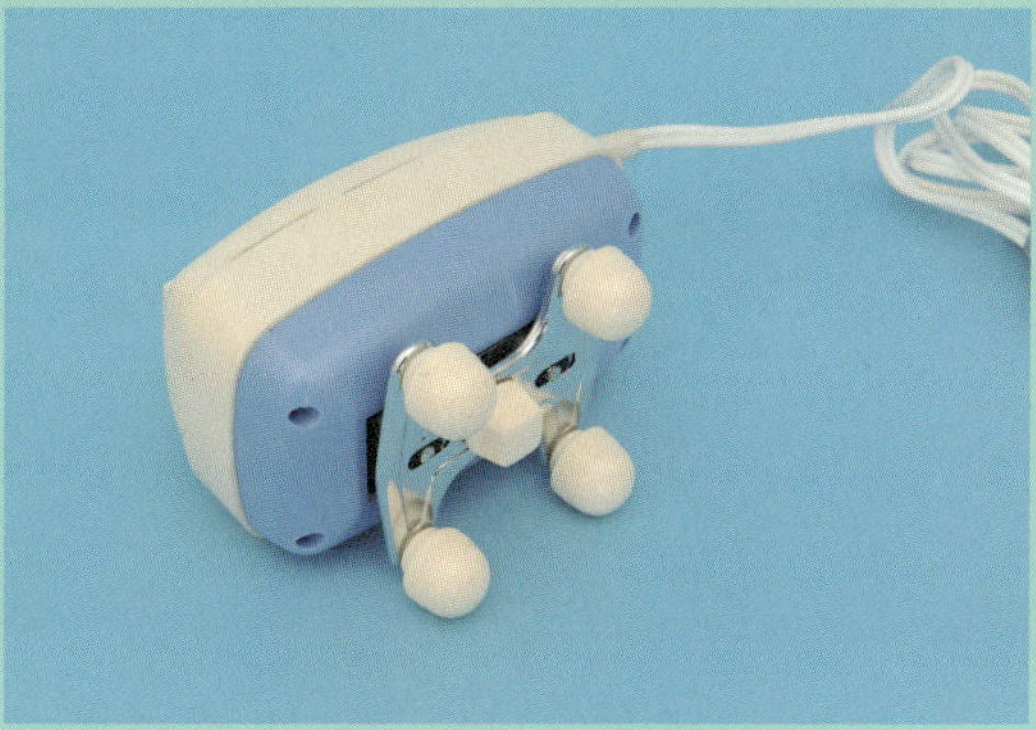

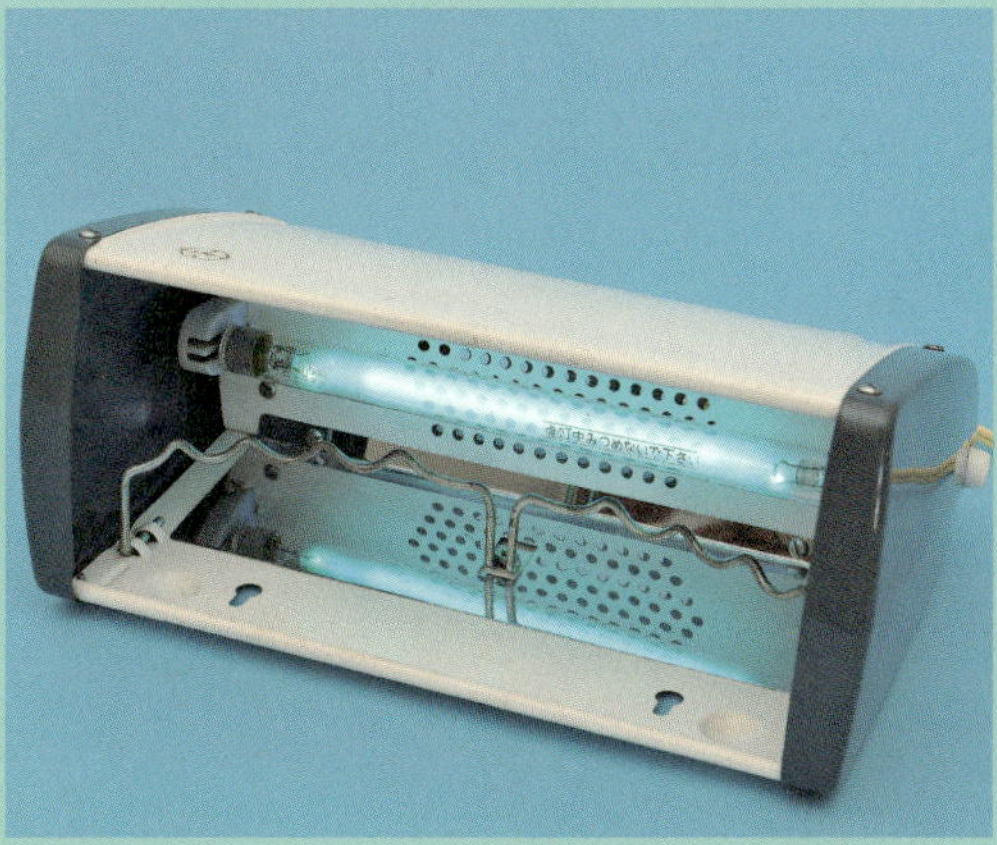

松下（現 パナソニック）

殺菌灯治療器（水虫・わきが標準型）

GH-691 ／ 昭和 34 年 ／ 1,950 円

この治療器の中の波型の台、ここに両足の指をのせて殺菌灯を当てて、水虫を治そうという仕組みです。発売された昭和 34 年頃の水虫薬の値段は、200 円くらいが相場だったようです。200 円で水虫薬が買えた時代に 1950 円の治療器。ちょっと高いような……。

ところで、殺菌灯ってそんなに水虫に効くのでしょうか。詳しい方がいらっしゃったら教えてください。

松下電工（現 パナソニック）

ヘアードライヤー

HD-560 ／ 昭和 31 年 ／ 3,950 円

ドライヤー本体を手に持って、頭髪を乾燥させるときなどに使うのは当たり前ですが、ドライヤー本体を立てて固定させるスタンドも付属しています。固定してどんな使い方があったのか。カタログによると「写真フィルムの速乾に……」。当時、町の写真屋さんや写真が趣味の人は自分でフィルムの現像をしていたんですよね。

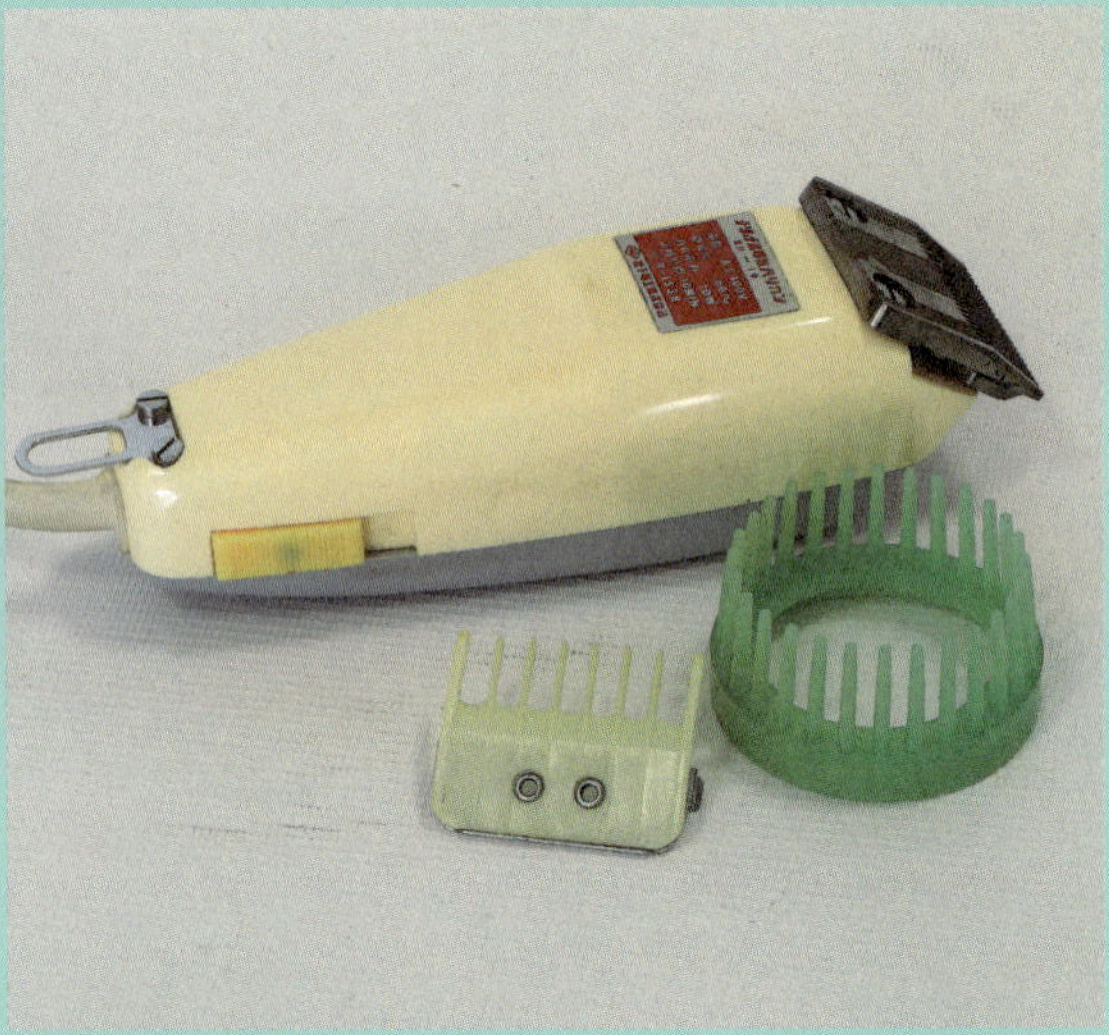

松下電工（現 パナソニック）

ホーム電気バリカン

EH-10 ／ 昭和 33 年 ／ 2,650 円

松下電工（現 パナソニック）

電気カミソリ

ES-28 ／ 昭和 34 年 ／ 4,000 円

東芝

電気カミソリ

TS-1 ／ 昭和 33 年 ／ 3,900 円

珍品さん
いらっしゃい!

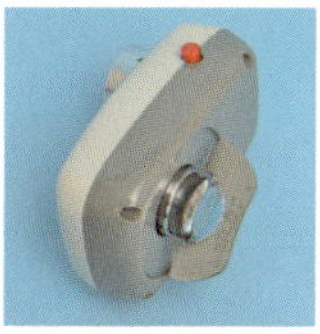

製品背面のゼンマイを回して使用します

早川（現 シャープ）

ゼンマイ式カミソリ「シャープペット」

SS-980 ／ 昭和 37 年 ／ 2,950 円

ゼンマイで駆動するカミソリです。シャープ曰く、業界初の試みだったとか。「ゼンマイを巻くだけで半永久的に使用でき、維持費は一切不要です。邪魔な電源コードもなく、電池の消耗を気にする必要もありません」（『シャープニュース』昭和 37 年 6 月）。
たしかに、どこでも使えるという便利さはありますが、普通の電気カミソリと比べて一回り大きく、結構重量があります。また価格面でも、同じ昭和 37 年の松下電工の乾電池式電気カミソリが 2400 円に対して少し割高です。さしずめ今なら、エコ商品として人気を集めたかもしれません。惜しむらくは、登場が 50 年早かったことでしょうか。

「怠け者用の機械」と怒られました

かつての日本の住まいは畳の部屋がメイン。掃除は箒で外へ掃き出すというやり方でした。もちろん掃除機も発売されてはいましたが、「掃除機なんて怠け者用の機械だ」との声も根強く、なかなか普及しませんでした。昭和35年で普及率は7・7%。同じ年の洗濯機は40・6%ですから、いかに掃除機の普及が遅かったかがわかります。ところがこの頃から増えだした公団住宅では、従来のように外へ掃き出すことができない。そして生活の洋風化でじゅうたんのある部屋……。こうしたやむにやまれぬ事情もあり、掃除機は普及していきました。普及率が50%を超えたのは昭和43年のことです。

イラストがかわいらしい松下「乾電池ブラシ」の取扱説明書

松下（現 パナソニック）
電気掃除機
MC-30 ／昭和 35 年 ／ 12,900 円

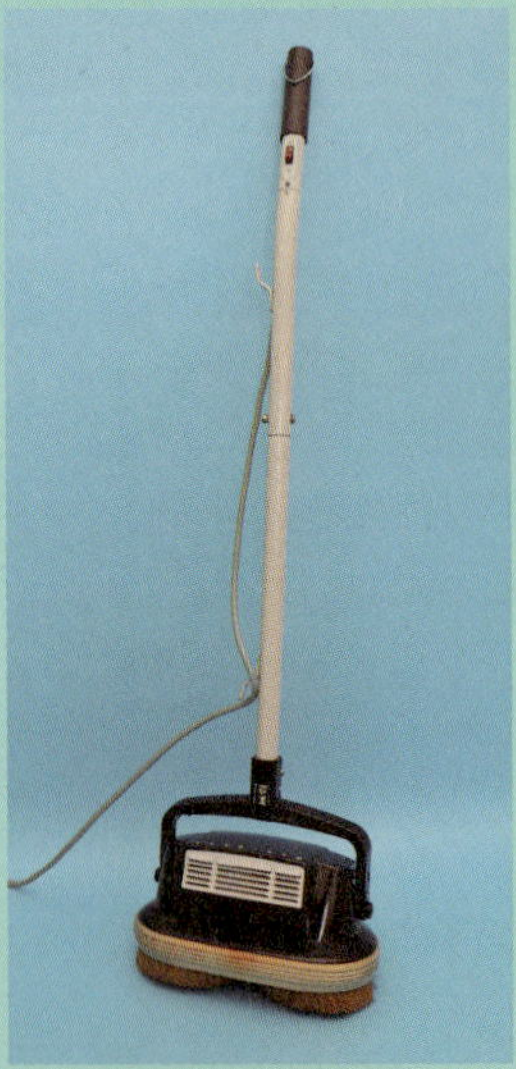

松下（現 パナソニック）
電気ポリッシャー
MP-3 ／昭和 36 年頃 ／19,500 円

ポリッシャーとは、ご案内の通り床磨きの機械。なかでもこれは主に家庭用にと発売された製品です。しかし、発売された昭和 36 年頃は、これで磨くような立派な床のある家はそんなにはなかったでしょう。それにわざわざ見たこともない機械――ポリッシャーを使わなくても、安上がりな雑巾がけで、すませていた家庭が大半だったのではないでしょうか。業務用ならまだしも購入した家庭の多くでは、結局はあまり使われずじまいに終わったのかもしれません。

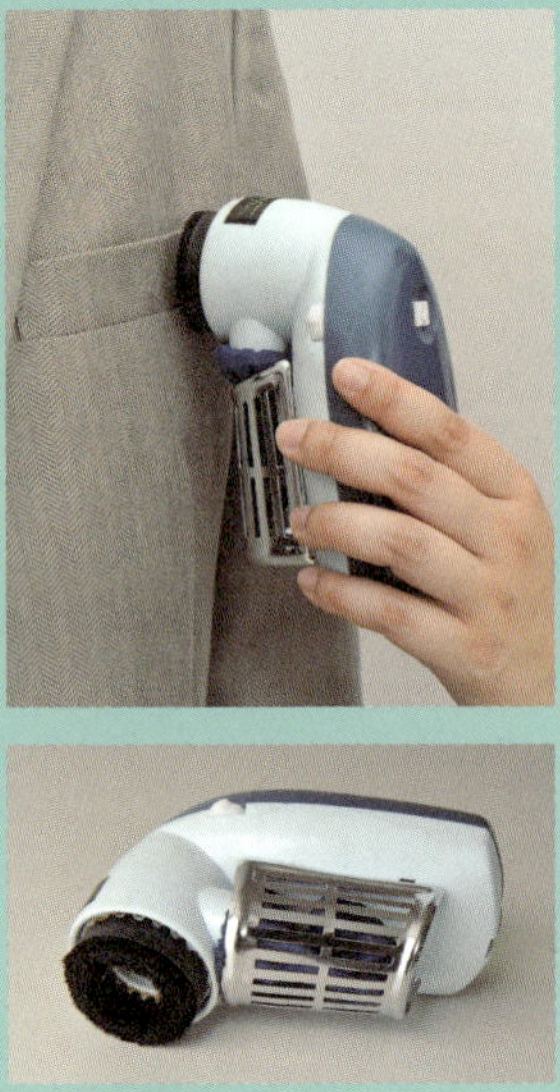

松下（現 パナソニック）
乾電池ブラシ
昭和 34 年 ／ 700 円

第5章

マスダさんの突撃インタビュー

「昭和レトロ家電ウラ話」

【宣伝した人】

「東芝家電CM」の顔…押阪　忍さん

【デザインした人】

元 シャープデザイナー…坂下　清さん

【売った人】

柳本電機店…柳本久芳さん

『冷凍冷蔵庫』という言い方は
私が初めてつかったんですよ

東芝日曜劇場のメモ帳。表紙には若かりし頃の押阪氏の姿が。

昭和40年から50年代にかけての東芝家電CMの顔
押阪　忍さん（フリーアナウンサー）

松下電器（現パナソニック）の泉大助氏、日立の高橋圭三氏と共に昭和40年代から50年代にかけて〝東芝の顔〟として多くの同社製品を紹介してきた押阪忍氏。昭和40年に民放初のフリーアナウンサーとして独立。今も現役で活躍されている押阪氏に当時の思い出をうかがった。

背中を見ながら必死になって追いかけました

増田（以降M） 押阪さんは長い間、東芝のコマーシャルを担当されていましたけれども、どういった経緯があったのでしょうか？

押阪（以降O） 当時、家電メーカーのCMといえば、日立の高橋圭三［※1］さん、ナショナルの泉大助［※2］さんというように、一タレント一社というのが当たり前でした。東芝も河井坊茶［※3］さんやNHKの『事件記者』で捜査一課長を演じておられた高島敏郎さんらがされていたんですが、どなたも長く続かなかったんですね。

東芝も社の顔として長くやってもらえる方を探していたようで、私に白羽の矢が立ったといいますか、お声がかかったんです。

M その頃はまだテレビ朝日のアナウンサーをされていたんですよね？

O ええ、そうです。私は昭和33年にテレビ朝日（当時NET）の開局と同時に1期生として入社して、昭和39年の東京オリンピックでは最年少アナウンサーとして東洋の魔女、女子バレーボールの実況も経験させていただいた。そのオリンピックも終わって「来年には課長になれるらしい」、社内でそんな話が出ていたときに「東芝が……」と話をいただいたわけです。ですから悩みました。課長になるか、フリーになるか……。今は違いますけれど、当時は課長になると、社旗をつけた車で取材にいけるんですよ。それがかっこいいなと（笑）。

M フリーになろうと決められたのは？

O 妻の栗原アヤ子［※4］の一言ですね。彼女はフリーのアナウンサーとして味の素の生CMもやっていましたから、相談をしたところ、「あなたならできますよ」と、背中を押してくれた。さらに「だめだったら子連れタクシーでもやりますから」とも言ってくれた。それで彼女に子供が授かっていることを知って、「一大転機だ。よし、やろう」と決断しました。

M 東芝から声がかかったというのは、何かきっかけというか、繋がりはあったんでしょうか？

O 後から思えば、あれがそうだったのかなというのはありました。テレ朝にいたときに、「東芝家族劇場［※5］」という東芝一社提供の番組で生コマーシャルをやったことがありました。3回か4回やったと思うんですが、覚えているのが洗濯機のCMです。「非常に音が静かです」というくだりがあってですね。「中をご覧ください」といってカメラが、洗濯機の中を映したら止っているんです。誰かがコードに足かなんかを引っかけて、コンセントが抜けていたんでしょうね。でも、生放送だからどうしようもなくて、何を言って誤魔化したのかまったく覚えていないんですけど、そのことで東芝さんに押阪という名前を覚えてもらったんじゃないでしょうかね。

M　フリーになられてどうでしたか？

O　先ほども言いましたが、当時は高橋圭三さんと泉大助さんが、それぞれ日立、ナショナルの顔として活躍されていた。特にナショナルさんは宣伝が上手で突っ走っていましたね。泉さんは生CMもやる、「ズバリ！当てましょう［※6］」の司会もやっている。ですから名前も売れていましたし、人気もありました。私は局アナでしたから、業界関係者には押阪という名前は知られていましたけど、一般の方は私の名前なんか誰も知らないという状態でした。正直、小舟で大海に出ていった気分で、おふたりの背中を見ながら必死になって追いかけました。

　やっと追いつけたなと思えるまで6年かかりましたね。ACC（全日本シーエム放送連盟）のCMフェスティバルというCM界のグラミー賞みたいなものがありまして、昭和45年にそれのタレント賞をいただいたんですね。その前に泉さんも受賞されていたんで、同じ賞をもらうことができて、それでようやく追いつけたなと思いましたね。

それだけリアリティーのあるCMだった

M　TBSの東芝日曜劇場でCMを担当されていましたが、当時はまだ生コマーシャルだったのでしょうか？

O　はっきりとは覚えていませんが、最初の頃は生でやっていた時期もあったように思います。生からだんだんVTR（録画）になりました。VTRになりましたけど、ものすごく緊張しましたね。たかが1分～1分半のCMですが、何度も何度も撮り直して、一日かかって撮っていた。そんな時代だったですね。それと、最初はモノクロでしたけど、後からカラーになったんですね。「カラーでお送りする東芝日曜劇場」とタイトルコールを言ったときはびっくりしました。モノクロ時代にアナウンサーを始めましたからカラーというのは本当に驚きでした。

　このタイトルコールも時代時代で変化してるんですよね。「技術の東芝がお送りする」とか、「電球から原子力まで電機の総合メーカー東芝がお送りする」とか、「E&Eの東芝がお送りする」というのもあったように思います。

M　一番思い出に残っているCMは何ですか？

［※1］　大正7年9月9日～平成14年4月11日。NHKアナウンサーから日本初のフリーアナウンサーに。『紅白歌合戦』『輝く日本レコード大賞』『新春かくし芸大会』など数多くの番組の司会者として活躍。

［※2］　昭和2年3月19日～平成24年2月28日。司会、タレント。松下電器（現パナソニック）のCM出演や、同社提供のテレビ番組『ズバリ！当てましょう』の司会をつとめ、「ナショナルの顔」と呼ばれた。

［※3］　大正9年7月24日～昭和46年12月1日。俳優、歌手、タレント。三木鶏郎グループの一員として活躍。

［※4］　昭和15年6月22日、東京都生まれ。「味の素」初代専属タレントとしてデビュー。昭和38年、押阪忍氏と結婚。結婚後もテレビ、ラジオの司会などで活躍。

［※5］　昭和34年NET（現テレビ朝日）で放送されていた東芝一社提供のテレビ番組。一話完結のドラマを放映。

［※6］　昭和36年から47年まで（第一期）と昭和50年から57年まで（第二期）フジテレビで放送されていたクイズ番組。提示されたものの値段をズバリ当てると100万円相当のナショナルの電化製品がもらえた。

【※7】マーガリン「ラーマ」のCM。ラーマを塗ったトーストを試食した一般女性に押阪忍氏がインタビューをし、感想を聞くというスタイルで一世を風靡した。

O　やはり、マジックバッグクリーナー……、掃除機ですね。年配の方はクレンザーの小山と10円玉で覚えておられると思うんですけど……。クレンザーと10円玉を畳の上に交互に20個ばかり並べて、お客様が見ている前で掃除機で吸い取っていくわけです。当時の掃除機というのはすぐに目詰まりがして吸い込まなくなるのが普通でした。それがマジックバッグだと吸引力が変わらないわけですよ。商品も爆発的にヒットしましたし、吸塵力テストという言葉も流行りました。

　そうしたら今度は松下さんが、雑誌を何冊も束ねたものを掃除機でバッと持ち上げて、「吸引力がこんなにもあります」というCMをやりましたね（笑）。

M　コマーシャルでは集まった奥様方が感想を言っておられますけど、あれは生の声だったんでしょうか？

O　そうです。それしかないんですね。感想にならない感想もあったりしますけれど、「これを言ってください」とは言えないわけですよ。「ラーマ奥様インタビュー【※7】」なんかもやってましたけど、やはり同じですね。しかし、実際に目の前でリアルに行うので、「わーっ」とか「すごい」だとか驚嘆というか、想像してないような声も上がる。CM大賞なんかをテレビで放映したりすると過去の思い出に残るCMで必ずといっていいぐらいそれが紹介されていますね。それぐらいリアリティーのあるCMだったわけですよ。まさに実証CMですね。

M　ほかに記憶に残っている商品はどんなものがあ

りますか？

O　冷凍冷蔵庫ですね。「冷凍冷蔵庫」という言い方は私が初めてつかったんです。それまでは冷蔵庫の中に冷凍庫があったんです。それを別々にして上下二段にして上が冷凍庫、下が冷蔵庫……。「日本で初めて東芝冷凍冷蔵庫」と、言いましたね。

それから電子レンジ。電気釜や電気鍋なんかと違って今までになかった製品で考えられないものでした。ですから、これはぜったいにくるなと思ったのを覚えています。

M　CMをされて苦労されたことっていうのはありましたか？

O　テレビなんかは違いますが、家電というのは基本、女性向けの商品じゃないですか？　だから、女性の方に受けるような言い回しをしないといけない。表情にしても、声の色つやにしろ間合いにしろ、いつどこでどうしたというアナウンスにはない、緩急や強弱、そういう微妙な表現力が必要になる。それと「こんなことができますよ」とかですね、商品のポイントをパッとつかんでパッと出さないといけない。これを商品を持ったり、見せたりしながらやるというのはこれは相当難しいですよ。1分、1分半間の長丁場での勝負となると、その人のキャラクターや力量が出てきますから。

押阪　忍（おしざか しのぶ）

昭和10年2月28日生まれ、岡山県出身。昭和34年日本教育テレビ（現 テレビ朝日）の開局とともに入社。昭和40年退社、民放テレビ出身初のフリーアナウンサーに。多くの東芝家電製品のCMを担当。そのほか『特ダネ登場!?』（日本テレビ）や『ベクトルクイズQ&Q』（TBS）などの司会をつとめた。現在、フリーアナウンサーとして活躍するかたわら、「押阪忍のトークアカデミー」で後進の指導にあたっている。

全部東芝製品でって注文しました

M　CMだけでなく日本テレビで東芝一社提供の『特ダネ登場!?【※8】』という番組の司会をされてましたよね。

O　松下さんが泉さんの司会で「ズバリ！当てましょう」という番組をしていて、人気があったんですね。東芝も同じような番組をということで始まったのが『特ダネ登場!?』で、正式名称は頭に「東芝ファミリーホール」というのがついていたんです。珍名さんだとか珍しい人が出てくる番組で、結構人気になりました。

これは公開番組で日本全国を回って収録しました。現地の電器屋さん――東芝ショップがお客さんを招待していて販促にもなっていたんですね。ですから各地からうちにも来てくれと呼ばれましたね。

あと、東芝主催の展示会なんかでも各地を回りました。日曜劇場で人気のあった池内淳子さんとか、京塚昌子さんなんかが一緒に行ったりしてね。彼女たちはもちろん宣伝なんてのはしないんですが、有名な女優さんが来るというとお客さんもわっと集まりますから。私は「今日の目玉商品はクリーナーです」と紹介して、CMでやっているように実演するわけです。10円玉とクレンザーを置いて。見せるだけじゃなくて、「ちょっと上がってやってみてください」と、実際にやってもらったりもしてました。

M　ところで、ご自宅の電器製品はすべて東芝製なんですか？

O　今はなかには違うものもありますが、かつてはすべてそうでした。やはり浮気はできないですね。自宅を改築するときも、全部東芝製品でって注文しましたから（笑）。それに気に入ったものはなかなか捨てられないんで、結構古い家電製品――レトロ家電も家にはあるんですよ（笑）。

【※8】昭和45年～54年にかけて、日本テレビ系で放送していたクイズ番組。珍名や変わった特技などを当てるなどの問題が多く出された。

「こんな面白いもんあるんや」と思ってもらえる製品を作っていた

元 シャープデザイナー　坂下　清さん（現 大阪デザインセンターアドバイザー）

昭和30年代に入り、個性的でユニークなデザインの家電製品が増えてきた。そうした製品はどうして生まれてきたのか？　デザイナーとしてシャープで長年製品作りに携わってきた坂下清氏に話をうかがった。

ケンカしながらやった記憶も残っています

増田（以降M）　昭和30年代はそれまで電器製品は動いたらいいというのでやっていたのが、やっぱり売り上げにかかわるということでデザインに注目が集まった時期かなと思うんですが……？

坂下（以降S）　その通りですね。私がシャープに入ったのが昭和32年なんですが、この頃から各メーカーが徐々にデザイナーの募集を始めていました。私は東京芸大を出ましたが、それまでは学内の掲示板にデザイナーの求人はほとんどないという時代。だからわれわれも企業に入って活動することは考えてもいなかった。企業のほうもデザイナーを採用するにしても、どういう基準でしたらいいのか、よくわからないといった状態だったと思います。

M　では、それまでのデザインっていうのは誰がやってたんですか？

S　東芝さんはそのころからデザイン先進国であったアメリカのデザイナーに依頼をされていたようです。当時の家電メーカーでは機構設計のエンジニアが実

［※1］明治26年11月3日～昭和55年6月24日。シャープ創業者。シャープペンシルの発明でも知られる。

［※2］昭和36年発売の自動ハサミ。20ページ。

質的にデザインをされていましたが、デザイナーの採用を始めてから機構設計とデザインの分業が始まり、現在に近いデザイン業務が始まりました。

　私がシャープに入社した当時はたとえば、ラジオであればジュラルミン製のシャーシの中に真空管がこう並んで、スイッチはここにあって、それでダイヤルがここにあると、エンジニアサイドでは基本設計ができあがっていて、デザイナーの仕事は着せ替え人形の衣装を考えるような外観デザインだと考えられていました。

　だけど、ダイヤルにしてもこの位置が本当に使いやすいのかどうかっていうのが気になっていた。だから、デザインのスケッチのほうが先行して、内部をそれにあわせて欲しいと。色々ケンカをしながらやったことも記憶に残っていますね。

M　そういう意味では最初の頃はデザインの仕事はやりにくかったんでしょうか？

S　いえ、ほかの企業の経験がないからよくわからないんですけど、少なくとも、シャープはデザイナーとしてやりやすい環境だったんじゃないかと思います。創業者の早川徳次［※1］さんが開発に非常に熱心な方でしたから。今もそうですけど、ものづくりにはとても熱心な会社で、トップが常に関心をもって下任せということがまったくなかった。今では当たり前ですけど、当時から月に一回の企画会議があって、基本機能、特徴、目標価格などの基本仕様、そしてデザインを検討、決定する目的で早川社長以下幹部が出席し、結論が出るまで夜中まで論議されることが多くありました。

M　今日はシャープさんの製品で「クイッキー［※2］」を持ってきたんですけど……。これなんか私、素人なりにいいデザインだなって思います。

S　いやあ、懐かしいですね。これは二代目のですね。初代に比べると形も合理的になってるんですが、この刃は苦心しましたね。生地を傷めないようにということで、こういうカーブした刃にしようとしたんですけど、刃物屋さんからはずいぶん抵抗があったんですよ。それに上から刃先がきれいに見えるようにも考えていて、ある意味ではデザインとしては最高の形になっているんじゃないですかね。

M　クイッキーもそうですが、昭和30年代は面白いものがいっぱい出てたじゃないですか、そういうのが出

［※3］材料を形成加工して製品にするための金属製の型のこと。

［※4］昭和36年発売の自動洗米器。手を濡らさずに米が洗えた。また、フードミキサーとしても使用できた。

［※5］昭和34年発売のキッチンロースター（電気魚焼き器）。上蓋にヒーターを取り付けたため煙を出さずに魚が焼けると大人気になった。

［※6］奈良県天理市のシャープ総合開発センター内にある同社のあゆみや最新技術を展示したミュージアム。150ページ。

てくる土壌というのは何だったんでしょうか？

S　昭和30年代というのは消費者自体が自分たちの生活をもっと便利にしてくれるものはなにかないかとそういう意欲というか、思いがものすごくあった時代ですね。生活をより便利にしよう、新しく変えていこうと皆が願っていて、企業がそれに応えるように次々に新しい商品を作っていた。

M　昔の製品は作りが丁寧じゃないですか？　金型［※3］代なんかもかなりかかりそうに思うんですけど……。失礼ながらそんなに数は出ないだろうなという製品も見受けられて、それを回収することはできていたんでしょうか？

S　シャープの場合はそれ一機種で金型代を償却しようという考えはなかったですね。先行投資というか、その製品の先進的なイメージによって関連する商品が売れることにより、総合的な利益でカバーできるという考え方でした。「金型代が1000万かかるから少なくとも10万台売れてくれないとペイできないよ」と、いう考え方だと新しいものは絶対作れないですから。

たとえば、世界初の電卓がそうですが、65万円という価格でしたから大量に売れるとは思っていない、しかし、その商品によって新しいビジネスが開くという考え方でした。

ブランドイメージというか、そういう先端的なものを開発する企業なんだというふうに思ってもらえたらいいと。当時からシャープはそういう意識でやっていましたから。

親しみをもってもらえるものをとデザイン

M　そういうなかでシャープさんらしさというか、ほかと違った商品というのが作られてきたんですかね？

S　昭和40年代後半にかけて家電流通の大きな変化が背景にありました。それまでの家電流通の主役は全国で6万店を超えるといわれていた、比較的小規模のいわゆる町の電器屋さんでした。なかでも松下電器系列のお店は2万5000店ほどあるため、新製品は少なくとも2万台は店頭に並ぶことになり新製品の開発リスクは低くなります。反面、平均的な製品が多くなりユニークな製品の開発は難しくなります。ところが、シャープは3000店舗弱、しかも小規模店がほとんどという状況でした。当然、販売力は劣勢です。シャープがそのなかで生き残るためには他社と同じような製品ではなく、特長のある製品開発が必要でした。

幸い、昭和40年代後半に入って東京の秋葉原、大阪の日本橋を中心に各社の商品を販売する大規模な家電量販店が出現し、系列に関係なく商品の仕入れ販売が始まりました。当然、シャープにとっては有利となり、ユーザーの評価が次の魅力的な製品開発につながり、企業イメージも急速に高くなりました。

坂下　清（さかした きよし）

昭和8年3月23日生まれ、大阪府出身。
昭和32年東京藝術大学卒業、早川電機工業（現 シャープ）入社。扇風機や冷蔵庫、洗濯機などさまざまな家電製品のデザインを手がける。昭和48年、全社デザイン部門を統合、総合デザインセンター所長。その後 総合デザイン本部長として商品デザインのみならず企業イメージ始め、総合的なデザイン戦略を推進。取締役、常務取締役、顧問を歴任。平成9年退任後、武蔵野美術大学デザイン情報学科主任教授、大阪デザインセンター理事長などを務め、後進の育成にあたっている。

M　そういう背景もあったわけですね。

S　その分、消え去った商品もだいぶありますけどね（笑）。たとえば洗米機［※4］なんかは最たるもんですよね。

炊飯器はご飯は炊いてくれるけど、お米はとがないといけない。火加減という難しい作業からは解放されたけども、水に手を入れてとぐという作業が残っていると……。それで当時の社長だった早川徳次さんが、「主婦の苦労を省くために、お米が簡単に洗える製品を作ろう」とおっしゃって……（笑）。

技術屋さんと相談をして、お米を洗うこと以外にもメリケン粉（小麦粉）を練ってパンの生地も作れますよということで売り出したんですけど、売れなかったですね。ある意味早すぎた商品だったのかなという気はしてますけどね。

逆によく売れたのが魚焼き器［※5］でしたね。煙が出ない魚焼き器ということで、ものすごい大ヒット商品になりましたからね。それまで七輪を使って外で焼いていたサンマを家の中で焼けるようにしようという考えから開発が始まったんですよ。ヒーターを上につけて油が直接ヒーターの上に落ちないようにという基本的な発想が非常によかった。シャープらしさが出たいい製品だったと思います。

M　昔の家電なんかを見たら今の若い方たちはかわいらしいとかいうんですけれども、そういうのは狙ってたんですか？

S　いや、そんなことはないです。当時は「かわいい」という表現は男社会のなかで評価基準として使われる言葉ではなかったんですね。客観的な評価基準である機能、性能、価格等々、数値で表されるものであって、典型的な感覚的表現といえる「かわいい」が製品の価値を左右するとは考えられませんでした。

先日、社員を対象とする特別講演の機会に「シャープミュージアム・歴史館［※6］」を久しぶりに見ましたが、たまたま、団体で見学に来ていた学生たちが展示されている初期の製品に対し異口同音に「かわいい」と言っているのを聞いて納得しました。

当時は今までになかったものを家庭のなかに入れてもらうわけですから、違和感のあるものじゃなくて、できるだけ温かいというのかな、親しみをもってもらえるものをとデザインしていたのが、今になってそういう評価につながっているんじゃないでしょうかね。

協力：ジェイアール西日本ウェルネット 天王寺 安倍乃荘

力道山とシャープ兄弟の試合の時は すごい人が見に来て、無茶苦茶になってな

柳本久芳さん（柳本電機株式会社社長）

昭和28年の電化元年を境に家庭用電化製品が普及し始めた。当時は家電量販店もまだなく、町の電器店が販売の主体だった。当時、小売店はどう家電製品を売っていたのか、その頃から大阪市東住吉区で電器店を営む柳本電機の柳本久芳氏に話をうかがった。

「一週間したら取りに来る」と言って置いていった

増田（以降M） 電器店はいつから始められたんですか？

柳本（以降Y） うちは古いですよ。親父の代からで、大正12年やったかな開業は。その頃は港区のほうに店があったんやけど、戦争で焼け野原になって、この近所に移って、今の場所は昭和26年からやね。

M 最初の頃はどんなものを売ってらしたんですか？

Y 昭和25年頃ぐらいまでは、しょっちゅう停電していて、昭和26年っていうたら、それがようやく収まる頃。蛍光灯がぼちぼち出てきた頃で、電気スタンドなんかはよう売っていた。テレビはまだなくて、ラジオは売ってたけど、資金がないから3台ぐらいしか置いてなかった。その頃に住吉大社に行ったら近くの電器屋には何十台とラジオがおいてあって、「えらい違いやなぁ」と……（笑）。うちはその頃は板ガラスの販売もやっていて、そっちは忙しかった（笑）。

M テレビはいつから売り始めたんですか？

Y 昭和27年か28年ぐらいかな。大阪はまだ試験放送［※1］をやっていたような時期で、シャープ［※2］がこのあたりの電器屋に1台ずつデモ用のテレビを置いていった。ある日、学校から帰ってきたらテレビがあって「これがテレビかぁ」って驚いたもんや（笑）。

M やっぱり店頭に置いて見せてたんですか？

Y そうそう。店頭に置いて見せたらぎょうさんの人が見に来たわ。力道山とシャープ兄弟の試合の時は、50人ぐらいかな、すごい数の人が見に来た。後ろにおる人が前の人を押すもんやから、ほかの商品、電気スタンドなんかも置いているのが、無茶苦茶になってな……（笑）。

M テレビはよう売れたんですか？

Y 最初のころは全然。当時は1インチ1万円で14インチだと14万円やった。そのころの給料が1万円か1万5000円ぐらい。普通の人には買われへんわ

［写真上］柳本電機が行った展示会の様子
［写真下］ピーク時には5～6人の店員を雇っていた

な。うちでいちばん最初に売れたのが17インチ（テレビ）で、近くにあった田辺温泉が買うてくれた。脱衣室の所に置いて、お客さんに見せとったな。「あそこ行ったらあるで」っていって、放送の時間になったら人が行っていた。最初はそういう人集めのために喫茶店とか、あとは金持ちか、初物食いか……。買《こ》うていったのはそういう人だけやね。

売れ出したのは、皇太子（今上天皇）のご成婚の時やね。皆が「家で見たい」言うて……。この前の地デジの移行の時と同じで、その前から少しずつ売れ出して、直前がピークやった。

M　カラーテレビが売れ出したっていうのはいつぐらいでしたか？

Y　カラーになったのは、メキシコオリンピックのときやったかな……。東京オリンピックの頃は白黒テレビのほうが多かった。出始めた時は、19インチで50万円ぐらいした。それやのにカラーで放送してたんが『ひょっこりひょうたん島［※3］』ぐらいしかなかった（笑）。

昭和40年にナショナルが19インチのテレビを20万円を割った値段——19万8000円やったかな——で出した。それからぼちぼち売れ出した。でも、どんどんとは売れへんかったから、こっちからテレビを持っていって、「一週間したら取りに来る」と言って置いていった。で、引き取りにいったら、「もう置いといて」というのが圧倒的に多かった。そういう売り方をしてた。

それと、高いから一括では買えないわな。その頃はクレジット（カード）がなかったから月賦販売［※４］をしてた。２万円ずつ払ってくれたら10カ月で終わるから、「それなら売りますわ」と……。「買ってください」とは言わない（笑）。

M　月賦はどこかの会社がやっていたのですか？

Y　いや、東芝月販とかは早くにあったけど、うちは使っていなかった。全部自分とこ。だから、焦げつきもあった。年末になっても持ってこない。２～３カ月溜まってきたとなったら、家まで取りに行ってね……。「払わなかったら持って帰ります」って言って持って帰ってきたりもした。長い時間、家の前で見張ってたなんてこともあった（笑）。

俺が考えたんと同じことをやりだした

M　テレビの後、例えばステレオが出てきて売れ出したのはいつごろですか？

Y　昭和40年代になってソニーがアンプ、チューナー、スピーカーって別々に売り出した。それがえらい反響があった。それまでは一体型ばっかりで、ビクターなんか一体型で観音開きを開けたらチューナーとプレーヤーがついてる奴を出して、永久にデザインを変えないとか言ってたぐらい。それがそれからはそういうのに切り替わって一体型がなくなってしまった。

　テープレコーダーなんかは30年代の後半から徐々に出てたな。人間っておもしろいもんで、声だけでもエッチなやつを、こんなのがあるで言うたら、それを聞きたさに買うてくれた。誰が作ったかわかれへんけど、いろいろなもんが出回ってた。そういうのを「ひとつつけるから」って売ったこともあった。８ミリなんかもそうやったし、ビデオデッキなんかは完全にそういう感じやったな（笑）。カーステレオ、８トラ［※５］

［※１］　昭和26年６月NHK大阪テレビジョンの実験放送開始。本放送は昭和29年３月１日からスタート。

［※２］　当時の社名は早川電機工業。本社は当時から現在地（大阪市阿倍野区長池町）にあり、柳本電機からは歩いて約10分の距離。

［※３］　昭和39年４月～44年４月にNHK総合テレビで放映されていた人形劇。当時の子どもたちに大人気だった。

［※４］　正式には割賦販売。当時は一括払いの現金正価と月賦正価の２つの価格があった。

［※５］　８トラック。８本のトラックが設けられて、アナログ８チャンネル、ステレオ４チャンネルとして利用でき、チャンネルを切り替えることで別の音楽を再生できた。もともとはカーオーディオ用として開発されたが、日本ではカラオケなどにも利用されていた。

［※６］　ナショナルのファン組織で、ナショナル製品を購入するとノベルティとしてさまざまな商品がもらえた。

柳本久芳（やなぎもと ひさよし）

昭和14年2月27日生まれ、大阪府出身。大阪府立天王寺高校卒業後、家業の柳本電機を手伝い始める。当時では珍しかった展示会の開催や顧客サービスなどを行うなどアイデアマン。現在は大阪府電機商業組合副理事長、大阪家電販売協同組合副理事長として、業界の発展に貢献している。

でもそういうのがありましたわ（笑）。

M　売り方で工夫されたこととかありましたか？

Y　この店の少し先（北側）に――今はガレージになってるけど――家を建てて、その1階で展示会なんかした。昭和33、34年ぐらいに始めたかな。一番、最初が暖房器具をやった。店のスタッフとビラを作って配って宣伝してんけど、えらいぎょうさんの人が来てくれた。どこもやってなかったし、お客さんも品物を持っていないから。

それを見た出入りの問屋さんがあっちこっちに「こうやったらいいよ」って言うから、「うちもやってみようか」ってよその店でも始まって、その後はメーカー主導になっていった……。

あとは、お得意さんを集めてバス借りて、サンヨーの瀬田洗濯機工場の見学に行ったこともあった。そんなこともしていた。全部うちでお金出したと思う。儲かっていたから。

M　お得意さんへのサービスなんかもされてたんですか？

Y　僕が始めたのでは、昭和34年ぐらいやったかな……。年間で20万円以上ぐらい買ってくれたお客さんに、クリスマスケーキを進呈しようって……。10軒か15軒ぐらいやけど、みんなえらい喜んでくれて反響があった。僕は昭和36年から東京の電器店へ修業に行ってたんやけど、昭和40年に大阪に帰ってきたときもまだやってた（笑）

僕が東京に行ってるときに、ナショナルが「くらしの泉会［※6］」というのを始めて、年末になったら記念品をお得意さんの所に持って行くっていうのをしだした。記念品はわれわれ販売店が買うんやけど、メーカーが大量に仕入れるから安くは買えた。「俺が考えたんと同じことをやりだしたわ」と、思った。だから、これはうちが元祖ですわ（笑）。

M　かなり儲けてはったんやないですか？

Y　そうやね。新しいものがどんどん出てきたし、まだ使ったことがない人も多かった。ないところから売っていったから、よう儲かった時代やったわ。昭和40年代なんかも所得は上がっていったし、生活も安定していったから、商品を並べてたら売れた。今とはえらい違いやわ（笑）。

新聞に掲載された案内広告

展示会にはたくさんの人が訪れました
（写真提供：朝日新聞厚生文化事業団）

御殿山住宅の入居者募集パンフレット。
“テレビつき”の文字が住宅よりも前に書かれている
（資料提供：三木清三郎氏）

テレビつきに憧れて……ではなかった？

テレビ住宅分譲開始と同時に入居した浅野康江さん（85歳）にお話をうかがいました。

「その頃は、主人（国税局勤務）と枚方市内の寮（官舎）に住んでいたのですが、これが兵舎を転用したもので、あまりに汚い（笑）。テレビ住宅の分譲の話を知り、入居を決めました」。

ところが住宅金融公庫の申込者最低月収2万4800円が厳しかったようで、「審査が危なかったので、親に頭金を出してもらいました」とのこと。そもそも浅野さんも「当初、ここに入居予定だった方が公庫の審査に落ちて、代わりに私たちが住むことになりました」ということですから、審査が通らなかった方も多かったのかもしれません。

ところで、この住宅の目玉であるテレビの備えつけに、住民の方々はどれだけ魅力を感じていたのでしょうか。浅野さんのお話では、「テレビがあるということは関係なかったですね。その頃、家を探していたのですが、住宅難でなかなか見つかりませんでした。そこにテレビ住宅の分譲の話……。ほかの人たちも、たぶんそうじゃないかと思いますよ」。

テレビつきということで憧れて入居した方ばかりと思いきや、案外そうでもなさそうです。

そんな浅野さん、その頃のテレビの思い出は、昭和34年の皇太子殿下・美智子妃殿下のご成婚パレードのテレビ中継。大阪市内からまだテレビのない友達を呼んで、一緒に見たことだそうです。

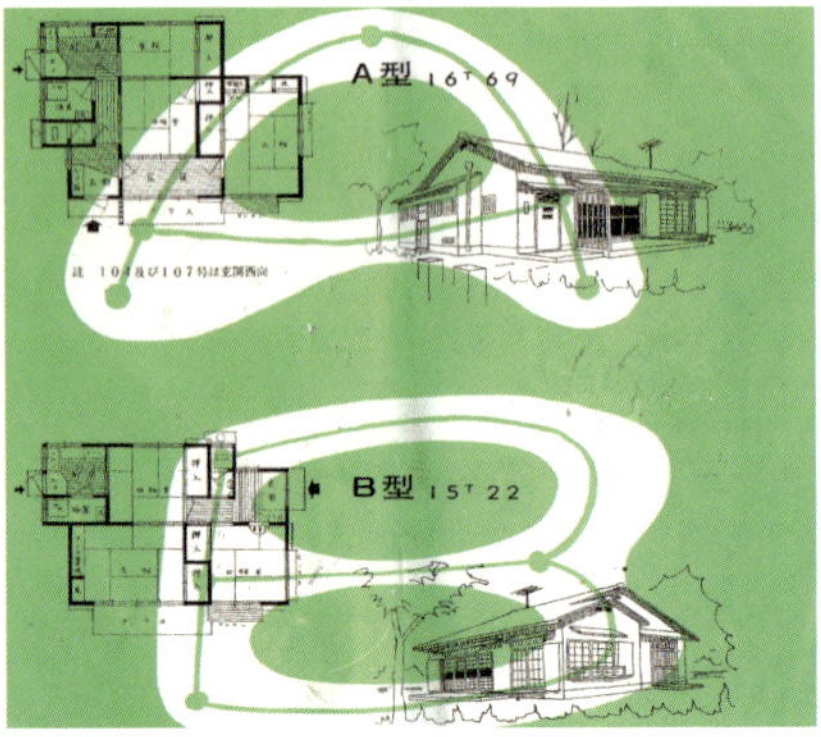

分譲価格：946,780円（最高）
公庫融資金：450,000円（最大）
公庫申込最低月収：24,800円

日本最初のテレビ村

「御殿山テレビ住宅」物語

分譲当時のテレビ住宅の様子
（写真提供：朝日新聞厚生文化事業団）

昭和31年春、大阪府枚方市に日本初の「テレビ文化村」という触れ込みで、全戸テレビつきという「御殿山テレビ住宅」というのが売り出されました。このテレビ住宅の主催はなんと朝日新聞厚生文化事業団。なぜテレビ住宅を……ですが、「国民の切実な関心を集めている住宅難緩和に対処するため……」（『厚生文化事業団・昭和30年事業報告書』）とのこと。販売を担当したのは京阪電車田園住宅部。分譲戸数44戸、その全戸に14インチテレビが備えつけられました。テレビは、同じ京阪沿線の門真に本社のあった松下電器が「テレビの普及と一般に対する啓蒙という観点」（『電波新聞』昭和31年3月28日）ですべてを寄贈。「国民の切実な関心」とか……「テレビの普及と一般に対する啓蒙という観点」とか……分譲住宅の枠を超えいささか立派すぎる理念でありますが、それだけ思いが強かったということでしょう。

テレビ住宅が分譲された昭和31年春、大阪のテレビ局はまだNHKの一波のみ。またその頃、松下電器の14インチテレビの価格は8万円前後。庶民にとっては、まさしく憧れであり高嶺の花。街頭テレビには人だかりができ、テレビのある家には近所の人が、番組を見るために集まってくるような時代です。全戸にテレビがあるというテレビ住宅は世間の注目を浴びたようで、約20km離れた大阪市内でタクシーに乗って「テレビ住宅へ行って」だけで行先がわかったそうです。

さてさてそんなテレビ住宅、当初はどんな様子だったのか、近所で電器店を営んでおられた山原清一郎さん（73歳）によると、

「入居した人たちに、もともとのお金持ちの人は少なかったねぇ。40代くらいの会社の管理職のような人や、それから大きな会社に勤めていた人が多かったな」。また近所の電器店ということで修理もよく頼まれたそうです。「あの頃は夕方から晩にかけて、みんなが電気を使う時間帯になると町全体の電圧が下がってしまった。90ボルトくらいになってしまって。そうなると画面が縮んで暗くなってしまうんや。よく調整に呼ばれたわ」。

電力事情などで多少の不便はあるにせよ、みなさん新しい家で、テレビのある暮らしを楽しまれたことでしょう。

テレビ草創期、みんなの思いが詰まった「テレビ村」も時の流れで、知る人も少なくなってきました。この本でそのごくごく一端でも記録にとどめておくことができれば、こんな嬉しいことはありません。

大阪市立住まいのミュージアム
大阪くらしの今昔館

おおさかくらしのこんじゃくかん

OSAKA

増田オススメ

昭和と出合えるミュージアム

なつかしい暮らしや住宅、家電など、昭和を感じられる博物館へ出かけてみませんか？

※各種情報は変更になる場合があります。訪問の際は各施設にご確認ください。

「テレビが来た日」を表情豊かな人形とともに再現している

日本初の「住まい」をテーマにしたミュージアム。江戸時代から明治・大正・昭和の大阪の町と住まいの移り変わりが体験できる。最大の見どころは、9階「なにわ町家の歳時記」コーナーで、実物大で復元された江戸時代の大坂の町並みを歩くことができる。昭和の大阪は8階「モダン大阪パノラマ遊覧」コーナーの「住まい劇場」で見られる。「テレビが来た日」など戦前から戦後の高度成長期にかけての暮らしの一コマなどを模型と映像、八千草薫さんの語りで紹介している。

戦後の住宅難から生まれた城北バス住宅の模型　[写真上]
実物大で再現された江戸時代の大坂の町並み　[写真下]

TEL：06-6242-1170
大阪市北区天神橋6丁目4-20 住まい情報センタービル8階
☐ 開館時間：10:00〜17:00（入館は16:30まで）
☐ 休館日：火曜（祝日の場合は翌日）、第3月曜（祝日の場合は水曜）祝日の翌日、年末年始
☐ 入館料：[一般] 600円　[学生] 300円
　　　　　中学生以下・市内在住の65歳以上無料
☐ アクセス：地下鉄谷町線・堺筋線・阪急千里線
　　　　　　「天神橋筋六丁目駅」からすぐ

TOKYO

足立区立郷土博物館

あだちくりつきょうどはくぶつかん

復元された都営住宅の茶の間。当時の暮らしがリアルに感じられる

江戸・東京の東郊として発展してきた足立区の歴史と文化をとりあげた博物館。江戸と昭和の暮らしを模型や資料などで紹介している。農村時代をテーマにした第１展示室と都市化を紹介するギャラリー、第２展示室がある。原寸大で復元されている都営住宅は、テレビやラジオ、ちゃぶ台などが置かれ、昭和39年の暮らしを再現している。そのほか、瓦や紙すき、染物といった地場産業の紹介や漫画・映画などで描かれ有名なお化け煙突（千住火力発電所）の模型などが展示されている。

「江戸東京の東郊」をテーマにした博物館［写真上］
足立区のシンボルだったお化け煙突［写真下］

TEL：03–3620–9393

東京都足立区大谷田5–20–1

□ 開館時間：9:00～17:00（入館は16:30まで）
□ 休 館 日：月曜（祝日の場合は翌日）・年末年始
□ 入 館 料：［一般］200円
70歳以上・中学生以下無料
□ アクセス：JR常磐線「亀有駅」から
バスで「足立区郷土博物館」下車、徒歩１分

OSAKA

パナソニックミュージアム 松下幸之助歴史館

まつしたこうのすけれきしかん

創業期の作業場をはじめパナソニックの創業からの歴史を追いながら、二叉ソケットや、「三種の神器」といわれた白黒テレビ、洗濯機、冷蔵庫などパナソニックが世に送り出した数々の家電製品を紹介している。また、創業者・松下幸之助の肉声と映像で経営思想、人生観などを紹介している映像コーナーなどがある。

1933 年建設の旧本社社屋を改築した歴史館［写真上］
創業期の作業場が復元されている［写真左下］
パナソニックの家電が多く展示されている［写真右下］

TEL：06−6906−0106
大阪府門真市大字門真1006
□開館時間：9:00−17:00
□休 館 日：日曜・祝日
□入 館 料：無料
□アクセス：京阪本線「西三荘駅」から徒歩３分

NARA

シャープミュージアム

しゃーぷみゅーじあむ

ミュージアムは歴史館と技術館からなる。歴史館にはシャープの社名の由来になったシャープペンシルなど創業当時の製品や家電製品が広まった昭和 30 年代のラジオやテレビなど、代表的な商品を年代順に展示。技術館では太陽電池や液晶など最先端の技術を見ることができる。見学は予約制で、係員が案内をしてくれる（約１時間）。

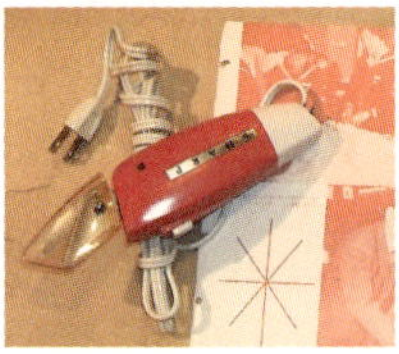

シネマ・スーパーなどユニークな製品が並ぶ［写真上］
自動ハサミのクイッキー（P20 と P139 に登場）［写真左下］
P88 で紹介しているトランケットも［写真右下］

TEL：0743−65−0011
奈良県天理市櫟本町2613−1 シャープ総合開発センター内
□開館時間：9:30−17:00（入館は16:00まで）
□休 館 日：土・日曜・祝日、会社休日
□入 館 料：無料　完全予約制
□アクセス：JR 桜井線・近鉄天理線「天理駅」から
　　　　　　タクシーで約 15 分

KANAGAWA

東芝未来科学館

とうしばみらいかがくかん

9月に閉館した「東芝科学館」が平成26年初頭、川崎ラゾーナ地区の「スマートコミュニティセンター」内にリニューアルオープンする。創業者の田中久重・藤岡市助から続く東芝グループの歴史・変遷の紹介や、最新商品・最先端技術を展示。さらに、子供たちを中心に科学技術を学び・体験できる展示・イベントを積極的に展開していく予定だ。

館内にはさまざまな東芝製品が展示される［写真上］
未来科学館が入る「スマートコミュニティセンター」［写真左下］
年間30万人の来場者を目指している［写真右下］

URL：http://kagakukan.toshiba.co.jp
神奈川県川崎市幸区堀川町72−34
□開館時間：未定
□休 館 日：未定
□入 館 料：無料（予定）
□アクセス：JR各線「川崎駅」から徒歩約1分
※詳細はHP等で確認のこと

※写真はすべてイメージ図

TOKYO

ソニー歴史資料館

そにーれきししりょうかん

創業時からのソニーの代表的な製品約250点を展示し、それらにまつわるエピソードや技術開発の歴史を、パネルや映像資料などによって紹介。創業当初の写真や創業者である井深大氏と盛田昭夫氏のメッセージ映像といった貴重な資料を通してソニーのモノづくりの精神を感じることができる。見学は完全予約制になっている。

発想を切り口に収蔵・展示している発想庫［写真上］
ソニーのエポックとなる商品がズラリ［写真左下］
ソニーの歴史が学べる資料館［写真右下］

TEL：03−5448−4455
東京都品川区北品川6−6−39
□開館時間：10:00−17:00
□休 館 日：土・日曜・祝日、会社休日
□入 館 料：無料　完全予約制
□アクセス：JR各線・京急本線「品川駅」から徒歩約15分

◆年表 ― 昭和レトロ家電の時代 ―

年	おもな出来事	テレビ・映画	流行歌・ベストセラー	世相・物価
昭和28年	2月1日 NHK東京テレビが本放送を開始 3月14日 吉田首相、衆議院を解散「バカヤロー解散」 6月1日 大阪・第一生命ビルに屋上ビアガーデン第一号オープン 6月4日 中央気象台、台風の呼び名を外国人女性名から発生順番号へ 7月16日 伊東絹子がミスユニバースで3位入賞（八頭身ブーム） 8月28日 日本テレビが民放初のテレビ局として本放送を開始 11月25日 クリスチャン・ディオールが東京でファッションショーを開催 12月25日 奄美群島が本土復帰 初任給※1 5,400円	【テレビ】 ジェスチャー 【映画】 東京物語／君の名は／十代の性典	【流行歌】 街のサンドイッチマン（鶴田浩二）／君の名は（織井茂子）／雪のふるまちを（高英男） 【ベストセラー】 君の名は（菊田一夫）／光ほのかに アンネの日記（アンネ・フランク）	・映画『君の名は』のヒットで真知子巻きが流行 ・郡是製絲（現グンゼ）、厚木編織（現アツギ）、シームレストッキング発売 ・テレビ、洗濯機、冷蔵庫などが次々に発売され「電化元年」と呼ばれる ・理髪料金 140円
昭和29年	2月1日 マリリン・モンローと元大リーガーのジョー・ディマジオが新婚旅行で来日 2月19日 力道山・木村政彦組とシャープ兄弟による初のプロレス国際タッグマッチ 3月1日 NHKが大阪と名古屋でもテレビ本放送開始 4月5日 初の集団就職列車（青森―上野間）が運行 4月20日 日比谷公園で第一回全日本自動車ショー開催 7月1日 自衛隊発足 7月12日 国立東京第一病院で人間ドックが始まる 9月26日 青函連絡船「洞爺丸」転覆 死者・行方不明者1155人 初任給 5,900円	【テレビ】 エノケンの水戸黄門漫遊記／こんにゃく問答／美容体操 【映画】 ゴジラ／七人の侍／ローマの休日	【流行歌】 お富さん（春日八郎）／岸壁の母（菊池章子）／高原列車は行く（岡本敦郎） 【ベストセラー】 潮騒（三島由紀夫）／女性に関する十二章（伊藤整）	・映画のヒットでヘップバーンスタイルが流行 ・NHKラジオ『お父さんはお人よし』で花菱アチャコの「むちゃくちゃでござりまするがな」が流行語 ・映画館入場料 100円
昭和30年	1月5日 トヨタ自動車「トヨペットクラウン」発売 7月9日 「後楽園ゆうえんち」がオープン 7月15日 トニー谷長男誘拐事件（同月21日犯人逮捕、長男は無事解放） 9月 東京通信工業（現 ソニー）トランジスタラジオ発売 10月13日 日本社会党が左派と右派の分裂解消（社会党統一） 10月20日 ニューヨークヤンキース来日 セ・パ選抜などと対戦し15勝1分 11月3日 船橋ヘルスセンター開業 11月15日 自由党と日本民主党が保守合同による自由民主党結成 初任給 5,900円	【テレビ】 日真名氏飛び出す／私の秘密／轟先生 【映画】 ジャンケン娘／夫婦善哉／エデンの東	【流行歌】 この世の花（島倉千代子）／月がとっても青いから（菅原都々子）／田舎のバス（中村メイコ） 【ベストセラー】 広辞苑（新村出）／はだか随筆（佐藤弘人）	・ビキニスタイルの水着が登場 ・「マンボ」大流行 ・一円硬貨、五十円硬貨発行 ・白米10kg 845円

※1 国家公務員初級職試験合格者（高卒）の基本給

昭和31年

- 1月31日　冬季オリンピック・コルチナダンペッツォ大会　猪谷千春がスキー男子回転で銀メダル（冬季五輪日本人初のメダル）
- 2月6日　『週刊新潮』が創刊（出版社の発行としては日本初の週刊誌）
- 3月19日　日本住宅公団、大阪・金岡団地で募集開始（入居資格　月収2万5000円以上）
- 7月17日　経済白書発表。「もはや戦後ではない」が流行語に
- 10月19日　日ソ国交回復共同宣言
- 10月28日　大阪の通天閣が再建される
- 11月19日　東海道本線全線電化が完成
- 12月18日　日本が国際連合に加盟

初任給 **5,900円**

【テレビ】ナショナルゴールデンアワー（ナショナル劇場）開始／東芝日曜劇場開始／シャープ劇場『のり平喜劇教室』／チロリン村とくるみの木

【映画】太陽の季節／真昼の暗黒／理由なき反抗

【流行歌】りんご村から（三橋美智也）／若いお巡りさん（曽根史朗）／ここに幸あり（大津美子）

【ベストセラー】太陽の季節（石原慎太郎）／四十八歳の抵抗（石川達三）

・慎太郎刈りが流行
・ホッピングが大流行
・映画館の新築ブーム　東京都では終戦時の4倍の452館に
・都電乗車賃　13円

昭和32年

- 1月13日　浅草・国際劇場で公演中の美空ひばりが、ファンの少女から塩酸をかけられる
- 1月29日　日本の南極観測隊が初上陸、「昭和基地」開設
- 5月25日　有楽町そごうが開店　初日に30万人が押しかける
- 8月1日　ダイハツ工業「ダイハツミゼット」発売
- 8月27日　茨城県東海村の原子力研究所で原子炉が臨界点に達し、「原子の火」がともる
- 9月23日　大阪市に「主婦の店 ダイエー」が開店
- 10月4日　ソ連が世界初の人工衛星「スプートニク1号」の打ち上げに成功
- 12月17日　上野動物園に日本初の常設モノレールが開通

初任給 **6,300円**

【テレビ】ダイヤル110番／ヒッチコック劇場／ソニー号空飛ぶ冒険

【映画】喜びも悲しみも幾歳月／明治天皇と日露大戦争／嵐を呼ぶ男

【流行歌】有楽町で逢いましょう（フランク永井）／バナナ・ボート（浜村美智子）／俺は待ってるぜ（石原裕次郎）

【ベストセラー】美徳のよろめき（三島由紀夫）／楢山節考（深沢七郎）

・コカ・コーラが日本での製造を開始
・東京・八重洲の大丸で初めて「パートタイマー」を募集
・五千円紙幣、百円硬貨発行
・ラムネ一本　10円

昭和33年

- 2月8日　第一回日劇ウエスタンカーニバル開幕
- 3月3日　富士重工「スバル360」発表
- 4月1日　売春防止法施行
- 4月5日　長嶋茂雄公式戦デビュー　国鉄・金田投手に4打席4三振
- 8月25日　日清食品が「チキンラーメン」発売（一袋35円）
- 10月21日　プロ野球日本シリーズ　西鉄が巨人に3連敗のあと4連勝で日本一に（流行語「神様 仏様 稲尾様」）
- 11月1日　ビジネス特急「こだま」が運行開始（東京―大阪　6時間50分）
- 12月23日　東京タワー完成

初任給 **6,300円**

【テレビ】バス通り裏／月光仮面／サンヨーテレビ劇場「私は貝になりたい」／三菱ダイヤモンドアワー「プロレスリング中継」

【映画】隠し砦の三悪人／裸の大将

【流行歌】夕焼けとんび（三橋美智也）／おーい中村君（若原一郎）／ダイアナ（平尾昌晃）

【ベストセラー】陽のあたる坂道（石坂洋次郎）／つづり方兄妹（野上丹治・洋子・房雄）

・フラフープが大流行するも約一ヵ月でブームは終焉
・「団地族」の名前がマスコミに初めて登場
・皇太子殿下と正田美智子さんの婚約を発表（ミッチーブーム）
・ガソリン1ℓ 38円

年	おもな出来事	テレビ・映画	流行歌・ベストセラー	世相・物価
昭和34年	1月1日　メートル法実施される 1月14日　昭和基地に置き去りにしたタロとジロの生存確認 3月17日　『週刊少年マガジン』、『週刊少年サンデー』が創刊 4月10日　皇太子殿下（今上天皇）と正田美智子さんご成婚 6月25日　プロ野球初の天覧試合（巨人対阪神）で長嶋茂雄が村山実からサヨナラ本塁打 7月24日　児島明子が日本人で初めてミス・ユニバースに 9月26日　伊勢湾台風上陸　死者・行方不明者5098人 12月15日　第一回日本レコード大賞に水原弘『黒い花びら』 初任給 6,700円	【テレビ】 番頭はんと丁稚どん／ザ・ヒットパレード／ローハイド／スター千一夜 【映画】 ギターを持った渡り鳥／社長太平記	【流行歌】 南国土佐を後にして（ペギー葉山）／黄色いさくらんぼ（スリー・キャッツ）／可愛い花（ザ・ピーナッツ） 【ベストセラー】 にあんちゃん 十歳の少女の日記（安本末子）／論文の書き方（清水幾太郎）	・タフガイ／トランジスタグラマーが流行語に ・女性の学童擁護員（緑のおばさん）が登場 ・新聞購読料（朝日新聞夕刊セット）　390円
昭和35年	1月19日　日米両国、ワシントンで新日米安全保障条約に調印 1月25日　三井鉱山三池鉱業所、三池労組が無期限ストに突入 6月15日　新安保条約批准阻止の全学連7000人が国会構内に突入　樺美智子さん死亡（新安保条約は19日自然承認） 7月19日　池田内閣成立、中山マサが初の女性大臣（厚生大臣）に任命 8月25日　夏季オリンピック・ローマ大会開幕 9月10日　カラーテレビの本放送開始 12月2日　石原裕次郎と北原三枝が結婚 12月27日　池田首相、所得倍増計画を発表 初任給 7,400円	【テレビ】 怪傑ハリマオ／サンセット77／ララミー牧場 【映画】 悪い奴ほどよく眠る／新吾十番勝負／太陽がいっぱい	【流行歌】 潮来笠（橋幸夫）／哀愁波止場（美空ひばり）／霧笛が俺を呼んでいる（赤木圭一郎） 【ベストセラー】 性生活の知恵（謝国権）／どくとるマンボウ航海記（北杜夫）	・ダッコちゃんが発売され、若い女性を中心に大流行する ・女性の結婚相手の条件として「家つき、カーつき、婆抜き」が言われるようになる ・コーヒー一杯　60円
昭和36年	1月20日　米大統領に、ジョン・F・ケネディ就任 2月14日　赤木圭一郎が日活撮影所でゴーカートを運転中、事故を起こし重体（2月21日死去） 4月12日　人類初の有人宇宙船「ボストーク1号」が、ガガーリン少佐を乗せ地球一周に成功 8月13日　東ドイツが東西ベルリンの境界を封鎖。後にベルリンの壁が建設される 9月25日　日航 国内線（東京―札幌間）にジェット機初就航 10月2日　柏戸、大鵬が同時に横綱昇進（柏鵬時代の幕開け） 10月15日　日紡貝塚女子バレーボールチームが欧州遠征で24戦全勝。「東洋の魔女」と形容 10月24日　森光子「放浪記」初演（芸術座） 初任給 8,300円	【テレビ】 シャボン玉ホリデー／七人の刑事／夢であいましょう／NHK朝の連続テレビ小説開始 【映画】 用心棒／荒野の七人	【流行歌】 スーダラ節（ハナ肇とクレージーキャッツ）／硝子のジョニー（アイ・ジョージ）／王将（村田英雄） 【ベストセラー】 何でも見てやろう（小田実）／砂の器（松本清張）	・レジャーブームでスキー客100万人、登山客200万人突破 ・子どもの好きな物として「巨人、大鵬、卵焼き」と言われるようになる ・鉄道運賃（東京―大阪）　1170円

昭和37年

2月1日 東京都の人口が1000万人を突破(世界初の1000万都市に)
8月5日 マリリン・モンローが急死
8月12日 堀江謙一が小型ヨットで太平洋単独横断に成功
8月30日 戦後初の国産旅客機YS-11テスト飛行に成功
9月5日 国鉄・金田正一投手、3509奪三振の世界記録
10月10日 ファイティング原田が世界フライ級王座(ボクシング)を獲得
10月22日 米ケネディ大統領、キューバ海上封鎖を表明(キューバ危機)
11月5日 美空ひばりと小林旭が結婚(昭和39年に離婚)

初任給 11,000円

【テレビ】てなもんや三度笠/アベック歌合戦/コンバット
【映画】ニッポン無責任時代/キューポラのある街/椿三十郎

【流行歌】いつでも夢を(橋幸夫・吉永小百合)/下町の太陽(倍賞千恵子)/遠くへ行きたい(ジェリー藤尾)
【ベストセラー】手相術(浅野八郎)/徳川家康(山岡荘八)

・ムームーが100万着を売り大流行
・若者たちの間でツイストがブームに
・はい、それまでよ/無責任男が流行語に
・入浴料 19円

昭和38年

1月1日 国産の連続テレビアニメ第一号「鉄腕アトム」放映開始
2月10日 小倉・門司・戸畑・若松・八幡の五市が合併して北九州市が誕生
3月29日 東京・数寄屋橋交差点に騒音自動表示器が設置される
6月5日 関西電力の黒部川第四発電所(黒四ダム)が完成
6月15日 坂本九の『上を向いて歩こう』が全米ヒットチャート1位に
7月16日 初の都市間高速道路、名神高速道路の栗東―尼崎が開通
11月23日 日米間のテレビ宇宙中継に成功、ケネディ大統領の暗殺を速報
12月8日 力道山刺される(12月15日死去)

初任給 12,400円

【テレビ】アップダウンクイズ/底ぬけ脱線ゲーム/大河ドラマ開始/日立ファミリーステージ「圭三ビッグプレゼント」
【映画】天国と地獄/下町の太陽

【流行歌】こんにちは赤ちゃん(梓みちよ)/高校三年生(舟木一夫)/東京五輪音頭(三波春夫)
【ベストセラー】太平洋ひとりぼっち(堀江謙一)/危ない会社(占部都美)

・「小さな親切」運動が始まる
・女性会社員を意味する言葉がBGからOLになる
・牛乳1本 16円

昭和39年

4月1日 業務や留学だけに限られていた海外渡航が自由化される
4月8日 国立西洋美術館で「ミロのビーナス展」開催。京都にも巡回し入場者172万人
4月28日 『平凡パンチ』創刊
6月19日 太平洋横断海底ケーブル完成。池田首相とジョンソン米大統領が初通話
9月23日 巨人・王貞治が55本の本塁打日本記録
10月1日 東海道新幹線が開業
10月10日 夏季オリンピック・東京大会開幕
11月9日 佐藤栄作内閣が発足

初任給 14,100円

【テレビ】ひょっこりひょうたん島/木島則夫モーニングショー/逃亡者
【映画】愛と死をみつめて/砂の女/007危機一発=ロシアより愛をこめて

【流行歌】あゝ上野駅(井沢八郎)/アンコ椿は恋の花(都はるみ)/自動車ショー歌(小林旭)
【ベストセラー】愛と死をみつめて(河野実・大島みち子)/おれについてこい!(大松博文)

・みゆき族が登場
・「俺についてこい」「ウルトラC」が流行語に
・男子学生を中心にアイビールックが流行
・週刊誌(『週刊朝日』)1冊 50円

あとがき

最後までお読みいただき、ありがとうございました。まずは、「当時のモノたちを見てワクワクしてほしい、ほっこりしてほしい、そしてあの頃の元気や勢いのようなものも感じてほしい」ということを一番に考えて作りました。楽しんでいただけましたでしょうか。

平成22年に大阪くらしの今昔館で、初めてコレクション展を開いていただきました。そこでは嬉しい感想をたくさん頂戴しました。今まで「床が抜ける！」、「じゃま！」と言われ続けた私のモノ集めが、人さまからこんなに喜んでもらえるとは驚きでしたし、とても嬉しかったです。いつもは我が家の押し入れでくすぶっていたモノたちもスポットライトを浴びて、とても嬉しそうに見えました。そこから私の考えが変わりました。これを全国の人にも見ていただいて、（少しエラそうですけど）笑顔になってほしいなぁと。

またコレクション展を開いたことで、当時、実際に製品に関わった方々のお話を聞かせてもらう機会も出てきました。22ページで紹介した「スナック3」の開発者の磯貝恵三さん（元 東芝デザインセンター・筑波大学）からは、次のようなメールをいただきました。

「私が面白がってアイデア提案をし、製品化された「スナック3」を、提案者以上に面白製品として評価していただいたことにも感謝いたします。この製品の着想はまだ私が「おひとりさま」の時代でした。多忙な毎日でしたので、こんな道具があれば、ということで提案し採用されました。（「あの時代」は思いつきがどんどん商品化されておりました）。しかし発売された時には、ちょうど結婚したてで実用試験で持ち帰っても、家内からは「△×？」と軽くあしらわれました。そこで後輩に試験を依頼したら彼も直後に結婚し「恐怖のスナック3がまわって来ると結婚するぞ」というジンクスが生まれました。」

＊　＊　＊

磯貝さん、楽しいお話をありがとうございました。ここで私の考えがもうひとつ変わってきました。モノを集めること、そして皆さんに見ていただくことに加えて、このような当時の様子が伝わってくるお話や、また山川の歴史教科書には載らないような、当時の暮らしでのささやかなお話なども少しずつ集め、残していくことができればと思うようになりました。この本でいえば31ページ「ボース・ホーン」はそんな思いで作ったページです。コレクション展を開いてお話を聞かせてもらうなか、少しずつ考えも変わってきましたが、これからはそんなことも併せて進めて行きたいと思っています。

この本を作る際に困ったことが、品物の発売年と価格を調べることでした。メーカーに記録がなかったり、ともすれば家電から撤退していたりと苦労しました。なにぶん個人の調査です、違う点があるかも知れませんが、どうぞご容赦下さい。また「これは違うよ」ということがありましたらご教授くださいませ。

最後になりましたが、この本を作るにあたっては、大阪くらしの今昔館、足立区立郷土博物館、ワガママを言いました山川出版社、問い合わせに快く応じて下さった各メーカーの方々、そして周りの皆さまにホントに助けていただきました。ありがとうございました。私、人さまのご縁には恵まれています。もっともその分、おねーちゃんのご縁には恵まれていないようですが。紙数もそろそろ終わりのようです。またの機会(もうないかも知れませんが……)ということで。そしてお読み下さった皆さま、あらためてありがとうございました。

増田　健一

［主要参考資料］

山田正吾『家電今昔物語』（三省堂　昭和58年）
久保允誉『家電製品にみる暮らしの戦後史』（ミリオン書房　平成3年）
家庭電気文化会『家庭電気機器変遷史』（昭和54年）
『戦後50年』（毎日新聞社　平成7年）
『一億人の昭和史6～8巻』（毎日新聞社　昭和51年）
『東京芝浦電気株式會社八十五年史』（昭和38年）
『松下電器五十年の略史』（昭和43年）
『松下電器 宣伝70年史』（昭和63年）
『三洋電機三十年の歩み』（昭和55年）
早川電機工業『アイデアの50年』（昭和37年）
『花王石鹸七十年史』（昭和35年）
『ライオン歯磨80年史』（昭和48年）
『毎日放送十年史』（昭和36年）
『アサヒグラフ』（朝日新聞社　昭和30年代発行分）
『暮らしの手帖』（暮らしの手帖社　昭和30年代発行分）
電波新聞（電波新聞社　昭和30年代発行分）
『ＡＤ・ＳＴＵＤＩＥＳ』（２０１２年夏号　吉田秀雄記念事業財団）
本書に登場した各企業ホームページ

◉本文ではお名前をご紹介出来ませんでしたが、ご協力いただいた皆さま（順不同・敬称略）
大阪市立住まいのミュージアム（くらしの今昔館）谷直樹・服部麻衣・深田智恵子・町家衆（ボランティア）の皆さん、足立区立郷土博物館　荻原ちとせ・多田文夫・木下文・清水アユム、枚方市教育委員会文化財課市史資料室、岩間香、大西正幸、新保てい子、酢谷征男、滝川登、林原泰子、堀雅人、前川洋一郎、宮川晴光、三宅亜弥、宮崎園子、吉田由起子
写真や資料などを提供いただいた各企業および担当者

〔著者略歴〕

増田健一（ますだ けんいち）

昭和38年、大阪・千林でカメラ屋の長男として生まれる。昭和57年国鉄に入社、車掌や運転士として従事。昭和30年代のレトロ家電や雑貨に魅せられ収集を始める。平成14年JR西日本を退社。
古道具店の店員を経て、現在も会社勤めのかたわら収集の毎日。平成23年から大阪市立住まいのミュージアム特別研究員。大阪、東京などでコレクション展を開催し、いずれも好評を博している。

撮　　影／谷本潤一、高島宏幸、京極　寛、塚本幸司
撮影協力／大阪市立住まいのミュージアム（大阪くらしの今昔館）、足立区立郷土博物館
ブックデザイン／河野　綾、吉本祐子
イラスト／早司周平
編集協力／田口由大

懐《なつ》かしくて新《あたら》しい昭《しょう》和《わ》レトロ家《か》電《でん》 —増田健一コレクションの世界—

2013年10月5日　第1版第1刷印刷　　2013年10月15日　第1版第1刷発行

著　者　増田健一
発行者　野澤伸平
発行所　株式会社　山川出版社
〒101-0047　東京都千代田区内神田1-13-13
電話03-3293-8131（営業）　03-3293-1802（編集）
http://www.yamakawa.co.jp/
振替　00120-9-43993
企画・編集　山川図書出版株式会社
印刷所　半七写真印刷工業株式会社
製本所　株式会社　ブロケード

　ISBN978-4-634-15046-1 C0077